Agro-society

未来を耕す農的社会

Tsutaya Eiichi

蔦谷栄一

創森社

収穫期の稲穂

はじめに

今年（2018年）も農土香《のどか》・子どものいなか体験教室での田植えは、Hさんが中心になって管理している山梨県・大菩薩峠の下の谷あいにある棚田でさせていただいた。そこには大きな囲炉裏が切られた洗心道場と呼ばれる建物があるが、その入り口のところには「基本を尊ぶ」と彫られた大きな石碑が立てられている。

そのHさんはいつも「自分ではなんもせん。人が使ってくれるのさ」「こうやって自分を使ってくれる人が一番の財産」「自分で考えたことはダメ。苦しむだけ」「もっともっとで、人間は苦しんでいる。いらんいらんが、人を幸せにする」と語る。

まさに人間は自らの力でもって生きていると錯覚し、また人間自らの力で生きていくことができるとの幻想に取りつかれている。人間はもちろん、生きものすべては太陽と土と水なくしては存在することができない。すべては太陽と土と水の恵みによって生かされている。

このきわめて簡明な事実、基本が無視され、忘れられていることが、生きにくい社会、管理社会、そして格差社会、分断社会を招くに至っている。GDP（国内総生産）信仰に象徴される工業原理に未来はなく、改めて生命原理に立ち戻る以外に途《みち》は

野菜を混植（いのちの畑）

ない。

　このためには生命に触れ、育てていく体験・経験が絶対に欠かせない。農業者は循環・持続性とともに生物多様性を尊重した農業を展開し、都市住民・消費者との交流を大切にしていくとともに、都市住民・消費者も多少なりとも農業、農に参画し、生命に触れていく。この国民皆農、市民皆農によって生命原理を最優先する社会、すなわち「農的社会」を地域で実践し地域から積み上げていくことが生命原理回復の一番の早道と考える。本書のねらいは、この農的社会をいかにして創造していくかにある。

　そこで本書の書名は『未来を耕す農的社会』とした。まさに「農的社会」をつくりあげていくことによってしか未来は拓かれない。そして未来を拓いていくためには「耕す」という意識的・具体的な行為・行動が必須である。国民・市民の一人ひとりが身近なところから「耕していく」ことによって「農的社会」の創造にかかわり、参画していくようになることを切に念じている。

　本書は全7章からなるが、第1章と第2章が農業論、そして第6章と第7章は農的社会論であり、長さの関係で二つに分割したものである。実質的には第1章、第2章の農業論、第3章の経済学と農業・自然との関係、第4章の協同組合論、第6章、第7章の農的社会論の大きく四つの柱からなり、第5章のキューバ論は補論に

完熟のミニトマト

あたる。

第6章、第7章の農的社会論、農的社会をいかに創造していくかが本書の眼目となるが、農的社会に対応した日本農業のあり方を第1、2章で問うている。農業を狭義の農業と広義の農業、すなわち農業と農、農の世界とに分けて組み立て直すとともに、地域農業を基本として振興すべきことを強調している。

こうした農業をめざすとともに、GDP信仰、マネー中心主義から脱却していくためには経済学と農業そして自然との関係を確認しておくことが欠かせないことから第3章を置いている。そして世直し、農業再興のためには地域コミュニティの再生が不可欠であり、江戸時代まで歴史をさかのぼって協同について考えてみたのが第4章である。第5章は国単位で自給的経済の構築に取り組んでいるキューバについての報告である。

第1章から第5章までを踏まえて、第6、7章を展開してはいるが、大きくは四つの柱から構成され、それぞれに独立的でもあることから、興味・関心に応じて好きなところから読み始めてもらいたい。農的社会にいささかなりとも関心をお持ちいただくことになれば幸いである。

2018年　木の葉も色づく頃に

蔦谷 栄一

未来を耕す農的社会●もくじ

Agro-society

第1章　地域があるから食と農が維持できる――11

Agro-society

第4章 あらためて問い直す協同の源流と本質

Agro-society

第6章 農のある場を足もとからひらく——197

Agro-society

第7章 農的社会への多様な仕組みづくり——243

もくじ

• M E M O •

◆本文の文中の引用文後の( )内に著述者名と頁数を記していますが、引用・参考文献名は巻末（276〜274頁）に章ごとに収録しています

◆本書では、農には多くの社会デザイン能力があり、社会変革の力になりうることを随所で明らかにしています

◆登場する一部の方々の敬称を略しています

◆カタカナ専門語、英字略語、難解語については、主に初出の（ ）内などで語意を述べています

◆本文の図はすべて著者の作成によるものです。また、見出し上の楕円内のカットは中世ヨーロッパの刈り取りシーン（エッチングからの抜出）です

オルガノポニコによる有機栽培の農場
（キューバ）

お宮の前で朝の体操
（農土香・子どものいなか体験教室）

ユニークないか踊りの練習
（つたやさんち）

淵の森緑地の雑木林
（埼玉県所沢市）

第１章

Agro-society

地域があるから
食と農が維持できる

田植え（農土香・子どものいなか体験教室）

支援あってこそ農業は維持・存立

日本農業については長い間にわたってさまざまな喧々諤々《けんけんごうごう》の議論が展開されてきているが、現在も基本的な状況には変わりはない。ただ、議論は続けられながらも年を経るごとに農産物輸入自由化が進行する一方で、担い手は減少し農村の活力低下は著しい。

担い手が減少する中、規模拡大しての農業の効率化や所得増大が必要であること自体には異論はないが、日本の農産物が国際競争力を持ちえないのは日本農業の近代化が遅れているからであり、鉱工業部門やサービス産業部門で高度経済成長を実現したのに対して、農業の近代化が遅れたのは農業者の保守性のしからしめるところであり、創意工夫等の努力が不足しているからだ、とする議論にはくみしえない。

農業は自然条件に依拠するところが大きく、貿易の自由化、グローバル化が進む中で、いわゆる農業大国とされるブラジル、オーストラリア、ニュージーランド等と同様の生産性を獲得していくことは困難である。ＥＵ（ヨーロッパ連合）はもちろんのこと、〝世界のパンかご〟と言われてきたアメリカですら競争力を失い、農産物価格のプライスリーダーとしての地位を喪失してしまっている。農業生産額に対する農業予算の割合（２０１２年）を見ると、日本は38・２％であるのに対し、フランスは44・４％、イギリス63・２％、ドイツ60・６％であり、アメリカに至っては75・４％というのが実情である（ＪＣ総研レポート２０１６冬）。

日本農業は一定の支援なくして維持していくことは困難である。この基本的命題をあいまいなままにして農業者の努力不足、効率化や所得増大を云々するほどに事態は深刻化し、日本農業は輸入農産物に席巻される度合いを増しているのが現状である。

一定の支援をしてでも日本農業を守っていくという明確な国家としての意志とこれに付随した支援措置が必要なのであり、そうであれば、農業が日本にとってなぜ必要であるのか、その存在意義を改めて明確にしたうえで、それにふさわしい日本農業のあり方をめざすべきではないのか。規模拡大、そして市場原理を徹底させていくことが、日本農業が競争力を獲得して生き残っていくための唯一の途であるとする幻想を振り捨てて、こうしたまっとうな議論に一刻も早く立ち戻る必要がある。農業維持のために一定の支援を前提にするならば、規模拡大・所得向上を優先するものと、小農・家族経営を重視するものとに分かれての議論と同時に、税金を負担する側の国民・消費者が多面的機能さらには公共性・公益性の発揮を農業に求める声にもっともっと耳を傾ける必要があるのではないか。

農業の持つ多面的機能、公共性・公益性の基本にあるものこそが太陽と土と水の偉大な力であり、農業者も国民・消費者も人間は自然の恵みによって生かされているという認識に立ち戻るところから出発していくことが求められているように思う。日本農業が大きく失ってきたとはいえ、高い技術や品質へのこだわり、地域コミュニティや景観等、日本農業の持つ長所はまだある程度まで残っており、これらを生かしての農業再生の道を切り拓いていくことは可能であるように考える。

都市農業が示唆するもの

農業の意義と位置づけ

改めて日本農業のあり方を考えていくにあたって、農業者にとってだけでなく国民・消費者も含めて農業の意義、位置づけを明確にしていくことが欠かせない。今、農業に対する国民・消費者の目線や価値観はずいぶんと変わってきているように思う。依然として安い農産物であれば国産か輸入物かは問わない消費者が多くを占めていることは確かであるが、３・11（２０１１年、東日本大震災）をはじめとして大災害が頻発する中で食料安全保障の重要性とともに、農業の持つ多面的機能や公共性・公益性に理解を持つ人も増えてきている。こうした動きと併行して田園回帰や地方移住を希望する若者が増えてきていること、また産直や地産地消が着実に増加していることなど注目すべき動向も見られる。

ところが現在進められている規模拡大と所得増大を柱とする攻めの農業では、こうした動き、トレンドは軽視されており、むしろすれ違い状態にあると言わざるをえない。新規就農支援は措置されたとはいうものの、前提とされるのは規模拡大と所得増大で、食料安全保障や多面的機能は後回し。新たな動き、トレンドを取り込んだものとはなっていない。

そうした中、改めて日本農業の存在意義、新たな動き、トレンドを踏まえた日本農業のあり方について考えていくにあたって着目しておきたいのが〝辺境〟である都市および中山間地域での動きであり、特に都市農業である。都市農業とは「市街地及びその周辺の地域において行われる農業」（都市農業振興基本法第2条）をいう。ここで誤解のないよう強調しておきたいのは、都市農業が農村部の農業以上に重要であるからということではない。高度経済成長にともない膨大な宅地需要が発生する中、１９６８年の都市計画法によって市街化区域内の農地は基本的に10年以内に宅地に転用すべきものとされ、市街化区域内の都市農業は農政の対象から除外された。

これにともない市街化区域内農地をはじめとする都市農地は大きく減少してきたものの、その置かれた条件・環境を生かしながら一定の都市農業は維持されてきた。そして２０１５年4月には都市農業振興基本法の成立にともなって、「宅地化すべき農地」から「あり得べき農地」として位置づけ直されることになった。この「宅地化すべき農地」、すなわち転用して農地ではないものにすることとされていた農地がなぜ「あり得べき農地」として位置づけ直されることになったのか。そこにこそ、これからの日本農業のあり方を考えていくにあたってのきわめて重要なカギが潜んでいるといえる。

都市農業振興基本法の衝撃

そこで改めて都市農業振興基本法成立までの流れを確認しておきたい。高度経済成長、低成長を経て、バブル景気は１９９１年2月にはじけることになるが、経済のスローダウンとともに、土地需要も一挙に冷え込むこととなった。そしてこれまでの開発一辺倒から都市の住環境にも関心が向けられるようになり、都市農地を身近にある緑環境として見直すとともに、新鮮な野菜の供給場所として受け止める動きが広まってきた。さらには市民農園等も増え、「都市に農地を残すべき」とする人たちが増加してきた。

こうした都市農業の見直し気運が盛り上がる一方で、都市農地は減少の一途をたどってきた。これ以上の都市農地の減少に歯止めをかけ、維持していくためには、これまでの法律や税制度の見直しも含めた抜本的な対策が必要であるとして、国政を巻き込んでの運動が展開され、２０１５年4月に議員立法によって、都市農地を「保全すべき農地」として位置づけ直し、これを維持していくためには都市農業の振興が必要だとする都市農業振興基本法を成立させるに至ったのである。そして16年5月には同基本計画も決定され、都市農地を残していくための税制を含めた具体的な施策が実現されつつある。

都市農業振興基本法の成立によって都市農地は「守るべき農地」として位置づけ直されることになったが、ここでポイントとなるのが都市農業が発揮すべき「多様な」機能である。多面的機能ではなく多様な機能とされ、そこであげられているのが、農産物を供給する機能、防災の機能、良好な景観の形成の機能、国土・環境の保全の機能、農作業体験・交流の場の機能、農業に対する理解醸成の機能、である。

食料・農業・農村基本法で掲げられている多面的機能と比較してみると、地震等災害時の避難場所等として、都市であるだけに重要視される防災の機能が付加されている。あわせて注目されるのが農作業体験・交流の場の機能であり、都市住民の農業参画や子どもたちの食農体験の場としての位置づけが強調されている。そしてこれらを含めた機能を発揮することによって農業に対する都市住民、国民の理解醸成をはかっていくことが期待されている。

まさに都市農業は農産物を供給する機能、良好な景観の形成の機能、国土・環境の保全の機能といういわゆる多面的機能にとどまらず、防災の機能、さらには農作業体験・交流の場の機能、農業に対する理解醸成の機能までをも含め広く公共性・公益性を発揮していくことが求められており、こうした取り組みが農業に対する都市住民や国民の理解を獲得していくための前提ともされている。日本農業は貿易自由化が進行する中で構造的危機にさらされているが、日本農業がめざすべき方向性が都市農業振興基本法で先行して打ち出されていると理解することができるのではないか。もう一歩踏み込んで言えば、農業に対する理解醸成の機能は多様な機能が発揮される中で獲得されてくるものと理解されるが、それは都市住民・国民にとっては都市農業が農作業体験・交流の場の機能を発揮することによって、より直接的に獲得されるものであり、農作業体験・交流の場の機能の発揮、言ってみれば市民の農業参画が都市農業のみならず日本農業の再生にとって大きなカギを握っているということができる。

農業の産業化の流れが主流となっているが、ささやかとはいいながらもこれとは別に、多面的機能の発揮だけにとどまらず、都市住民の農業への参画や子どもの食農体験・交流等の農の営み、言ってみれば広義の農業ともいうべき農業を促進する流れが始まっていることも確かであり、このささやかな流れを大きな流れとしていくことが日本農業を守っていくためのきわめて重要な課題となる。

特徴を生かした都市農業の展開

今少し都市農業の実態をその特徴という視点から見ておくこととしたい。

都市農業の特徴の一つは中身が多様であることで、高度の技術を駆使した施設型の野菜や花卉《かき》をはじめとする栽培、イチゴやブルーベリー、ブドウやナシ等を生産して市民に収穫してもらう観光農園、さらには農地を提供しての市民農園や、自らの農地で市民に農作業してもらいながら生産指導し、その指導料を収入とする体験農園等、経営形態はまちまちである。高度技術を駆使しての施設型農業や体験農園等は専業農家が担い手の中心となるが、住宅や事務所、倉庫等の賃貸や駐車場の経営、さらには会社勤め等の兼業農家も多い。ただし、都市で農業を営むことにともない多額の固定資産税・都市計画税、さらには相続税の負担を余儀なくされており、これに必要な収入を確保するために駐車場や賃貸住宅等の経営を行っているのが実態であることに留意が必要である。

ここで特に注目しておきたい特徴の第二が、専業農家や兼業農家という農家・農業者に加えて、市民農園や体験農園を主にたくさんの市民が農業に参画していることである。担い手というには及ばないが自らが農作業すること自体を楽しみとするとともに、一部は農家の援農にもあたるようになってきており、アマチュア農家ともいうべき層が出現している。

第三の特徴としてあげられるのが高付加価値の実現による自立した経営を行っているものが多いことである。施設栽培が多いとともに、露地栽培でも消費者ニーズに対応しての多品種少量生産をしているものが多く、高所得の実現にもつながっている。さらに市街化区域内にある農地については農政の対象から除外される中、補助金なしでの自立経営を余儀なくされてきたと見ることもできる。ただし、先にも触れたとおり多大の税負担によって高所得は相殺《そうさい》され、さらに不動産等による農外収入なくしては成り立ちえないというのが経営の実情でもある。

第四に都市農業が鮮度を生かすとともに、直接販売によって消費者と直接、交流しながら消費者ニーズを把握し、これを踏まえた生産に取り組んでいることである。あわせて地元のレストランや食堂、旅館、商店や食品工場等とも連携しながら地産地消による地域循環を創出しているということができる。

このように都市農業は、高度な技術を生かしての高付加価値農業や消費者ニーズに対応した農業を展開するとともに、流通距離が短いという地の利を生かしての直接販売や鮮度で勝負する一方、市民農園や体験農園を経営に取り込むことによって消費者・市民の農作業体験や交流の場を提供するなど、多様で特徴のある農業を展開している。まさに置かれた環境や地理的条件を生かしていくとともに、これと併行して市民が農業に参画する場を積極的に取り込んでいくなど、これからの日本農業の先駆け的な位置にあるといっても差し支えなかろう。もっと言えば、国土面積が狭く、都市と農村との時間距離が短い日本においては、農業全体を都市農業的なものにしていくことが大きな方向性であるということができよう。

横浜市に見る緑農一体化の農業振興

このような都市農業の実態を踏まえて、これをどのように評価し、政策的にどのように位置づけていくのかが大きな問題となる。これについて先進的な取り組みを進めてきているのが人口３７１万人（２０１５年1月現在）と市としては最大の人口を有する神奈川県横浜市である。

横浜市は２９５２ha（２０１７年）の農地面積を有しており、市域の約７%を占めている。市街化区域内農地は５１７haで、うち宅地化農地２２５ha、生産緑地２９２ha、また市街化調整区域内農地は２４３４haとなっている。そして農地の93%は畑が占めており、水田は７%となっている。

農業産出額は１３４億円で、野菜がその３分の２を占めているが、果実、花卉、芋、乳用牛、豚等と多品目に及んでおり、農業産出額では三浦大根で知られる三浦市を超えて県内では第１位の産地となっている。

こうした横浜農業の取り組み指針となっているのが「横浜都市農業推進プラン」で、２０１５年２月に策定されている。そこで立てられている柱は二つで、取り組みの柱１は、持続できる都市農業を推進する、取り組みの柱２は、市民が身近に農を感じる場をつくる、となっている。

取り組みの柱１は、１農業経営の安定化・効率化に向けた農業振興（①市内農畜産物の生産振興、

都市に残された水田（横浜市舞岡ふるさと村）

②都市農業の拠点づくり支援、③生産基盤の整備と支援）、２横浜の農業を支える多様な担い手に対する支援（④農業の担い手の育成・支援、⑤農業経営の安定対策）、３農業生産の基盤となる農地利用促進（⑥農地の貸し借りの促進、⑦まとまりのある農地等の保全）、４時代に応じた新たな施策（⑧農業を活性化させる新たな取り組み）からなる。そして取り組みの柱２は、１農に親しむ取り組みの推進（①良好な農景観の保全、②農とふれあう場づくり）、２地産地消の推進（③身近に感じる地産地消の推進、④市民や企業と連携した地産地消の展開）からなる。

特に注目しておきたいのが農業推進プランの２本柱の１本は農業経営の安定化・効率化と担い手支援に置かれているが、もう１本の柱を市民の農業への参画と地産地消の推進に置いていることである。農業者による農業の振興とあわせて、またバランスをとりながら広く一般市民を対象に農と触れ合う場づくりや地産地消の推進がしっかりと位置づけられている。

あわせて特記されるのが、「横浜みどりアップ計画」の存在である。横浜市は市民生活の身近な場所にある樹林地や農地を緑の環境として位置づけ、これを次世代へ引き継いでいくため、2025年度を目標年次とする「横浜市水と緑の基本計画」を2006年度に策定し、本計画にもとづいて長期的視点から「横浜らしい水・緑環境の実現」に向けた取り組みを展開している。

こうした取り組みを強化・充実していくために5年刻みによる「横浜みどりアップ計画」が策定されており、この推進のための財源の一部として、個人の場合、市民税の均等割に900円を、法人の場合は、年間均等割額の9％相当額を上乗せするかたちで徴税する「横浜みどり税」が導入されている。そして市民によるみどりアップ計画の評価と意見・提案、情報提供を目的とする「横浜みどりアップ計画市民推進会議」が設置されている。先に触れた横浜都市農業推進プランは横浜みどりアップ計画と連動しており、横浜みどりアップ計画に定められている農業施策は横浜都市農業推進プランの取り組みの柱2の「市民が身近に農を感じる場をつくる」とされている。すなわち横浜市においては農業を単に農業として位置づけるのではなく、緑と一体化させた緑農政策として展開されていると同時に、これに必要な財源の一部を市民が負担するとともに、その計画推進を市民が直接に監視し提案するシステムを採用している。

横浜みどりアップ計画市民推進会議は2009年度に設置され、現在、第2期の5年度目、最終年度に入っているが、実は筆者は本会議の立ち上げ以来、学識経験者として参加してきている。会議のメンバーは公募市民５名、関係団体６名、町内会・自治会代表１名、学識経験者４名の16名によって構成されており、農業者や農協関係者も入ってはいるが、一般市民やＮＰＯ（非営利団体）等関係者が主となって協議が行われている。都市農業がこれまでの農業に新たな息吹を吹き込みつつあるだけでなく、横浜市では市民自らが負担もしながら、緑農を一体化させた農業を推進する行政のやり方を、市民が直接監視し、提言していくという、新たな時代にふさわしい壮大なる社会実験が展開されているものと受け止めている。

広義の農業と狭義の農業

農業の概念

ここで見てきた都市農業を日本農業の先駆けと位置づけしたうえで、これからの日本農業のあり方を考えていくことにしたい。都市農業のメインは農業者によって営まれているが、あわせてたくさんの市民・消費者が参画し、関わりを持ち提携もしているところで成り立っている。すなわち農業がいわゆる産業としての農業としてだけではとらえきれない実態を有していることを明らかにしていると同時に、時代の変化とともに産業とは異なった部分が持つ価値が再評価され、価値を膨らませてきている。もちろん、農村部の農業においても本来的に同様の要素を抱えているが、都市農業ではそれがより鮮明に表面に出てきており理解しやすいということができる。一方で都市農業は減少を続ける中で面的な展開は困難となり、集落単位での取り組みは難しく農業者が個別単独で取り組んでいるものが多く、農村部における協同しての農業とは大きく相異していることは承知のうえでの話である。

そこで日本農業のあり方について考えていくにあたって大きなポイントになるのが農業の概念であるように思う。既に「農業」ではなく「農」という言葉を意識的に使うことによって農業の概念を変えようとする試みも一部ながらも根強くあることも含めて、改めて農業についての概念整理が必要とされるようになってきているように考える。

商品としての農産物・食料を産業として生産していく農業を狭義の農業とするならば、これに暮らし・生活を支える自給としての農産物の生産、あるいは畦《あぜ》の草刈りや水の管理、見回り等環境への働きかけをも含めた「農の営み」「百姓仕事」ともいうべき広義の農業の二つを設定することが可能であろう。畦の草刈りや水の管理、見回り等環境への働きかけは産業としての農業では評価されないが、これが行われてこそ産業としての農業は円滑に進められることになる。これに景観をも含めた「農」「農の世界」ともいうべきものをしっかりと位置づけておくことが必要であり、都市農業振興基本法ではこれを公共性・公益性と称しているように理解される。またこの「農」「農の世界」こそが農業の楽しさや喜び、誇りをもたらしてくれるのであり、ここに百姓としてのやりがい、生きがいが存在するとともに、国民・市民が魅力を感じて農業に参画しようとするポイントになっているといえる。

図1　広義の農業と狭義の農業の関係

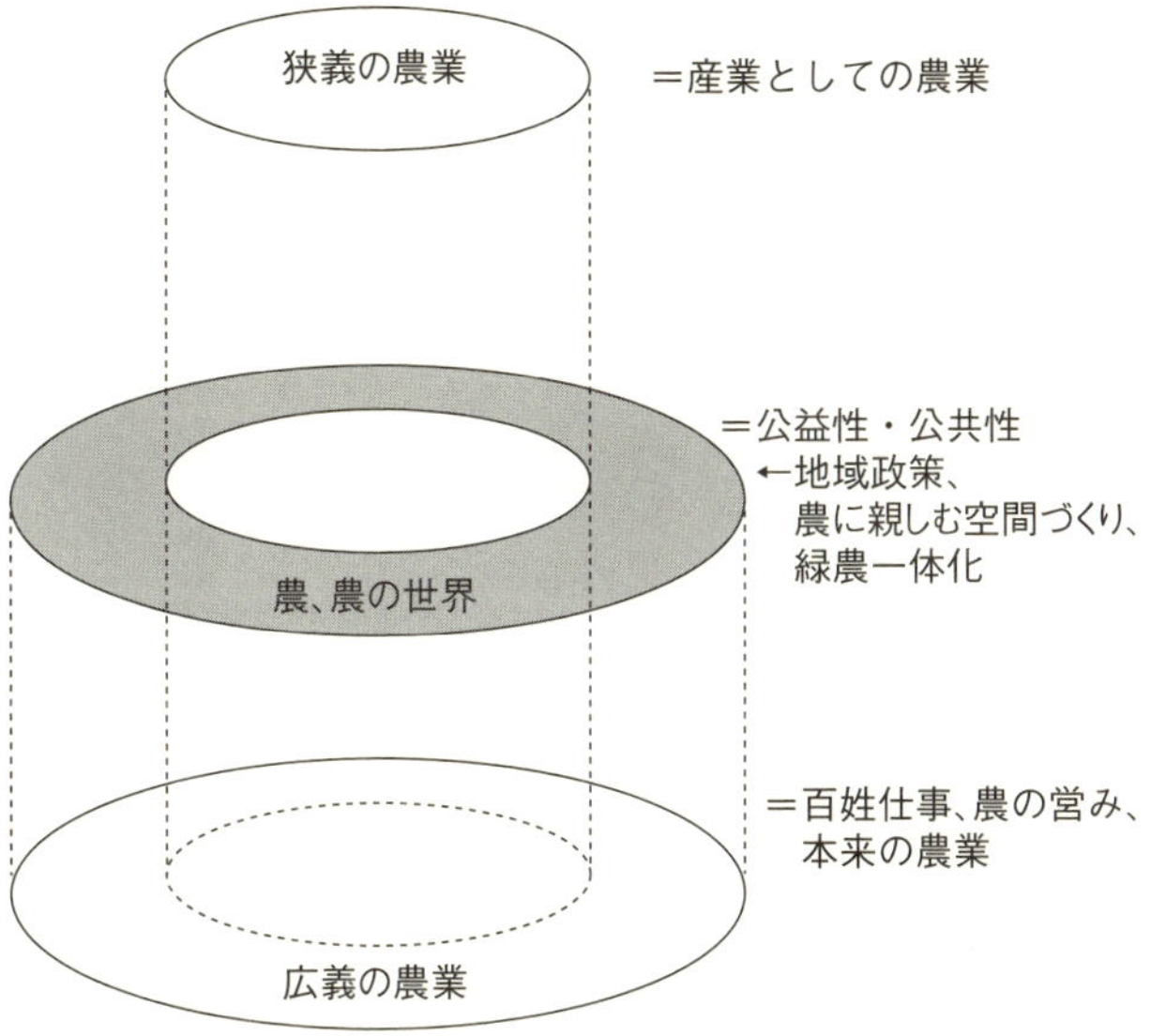

「農」「農の世界」の価値

現在、農政の世界での農業はもっぱら狭義の農業に限定してしか論じられないが、経済が行き詰まるにつれ持続性が重視されるようになり、価値観も変化していくことが避けられない中、これから求められる日本農業論は、この「農」「農の世界」を明確にし、その価値を評価していくと同時に、これを膨らませていくことが欠かせない。このように広義の農業と狭義の農業とを区分・明確化すると同時に、広義の農業の中に狭義の農業をしっかりと位置づけ、「農」「農の世界」と調和した日本農業としていくことが不可欠なのである（**図1**）。

広義の農業としてとらえる農業の世界は、大規模経営農家を核としながらも、小農経営や兼業農家も重要な位置を占める。そして市民農園等による都市農業、さらには屋上農園や都市住民がベランダ等でプランターを使って行う自家野菜等の栽培をも含み対象とする。言ってみればプロ農家が営む農業だけでなく、たくさんのアマチュア農家、すなわち一般市民による、ホビー農業とも言われるちょっとした農的活動・作業、これを「市民参画型農業」と呼んでいるが、これを含めた農業を広義の農業とする。

広義の農業があってこそ、狭義の農業も存在でき、守っていくことができる、というのが本書の基本モチーフである。広義の農業の中の小農経営や兼業農家、アマチュア農家等も経済原理から免れることは困難であるが、多業的・副業的であると同時に、自給的・生業的でもあり、経済原理に直接的に振り回される部分は相対的に小さい。これに対し狭義の農業は経済原理に直接的に大きく左右されるものであり、国際競争にさらされるとともに、生産性と価格で勝負することを余儀なくされる。経済原理に左右されるほどに、狭小で起伏が大きく、経済性という面では不利な生産条件に置かれているわが国農業は、経済原理からすれば、生き残りは正直なところなかなかに難しいと言わざるをえない。したがって難しいが故に一定の農業、食料を安全保障の一環として政策支援をもって守っていくかどうかが問われなければならない。このために国としての明確な意志の保持・表明とこれに必要な財政の確保が必要であるとともに、これについての国民の理解獲得が前提となる。

農業成立の必要条件

ここで先に触れた農業問題と、広義の農業、狭義の農業との関係について確認しておきたい。

広義の農業の中に、狭義の農業も含まれる。本来、生業の中で工業と農業は一体的に結合していたが、工業が分離し発展する中で都市を形成してきたもので、広義の農業は資本主義発展以前の農業と内容的には重なる。まさに「本来の農業」の姿がここに見られる。資本主義の発展は工業を分離させるだけでなく、農民の階層分化をも促し、専業農家、兼業農家、土地持ち非農家等に分化させてきた。専業農家が狭義の農業を分担し、兼業農家や土地持ち非農家、これに定年帰農や市民農園等に参画する都市住民を加えて広義の農業が形成されてきた。従前は国土のほとんどは農村であり、そこで生業としての農業が営まれていたものが、工業が農業から分離し、都市が形成される中で、都市住民をも含めた新たな広義の農業が出現してきたといえる。広義の農業は狭義の農業が成立するための必要条件であり、資本主義的経営にはなじみがたい農業問題の象徴となる小農経営や兼業農家は、広義の農業の中では明確で一定の位置を占めることになる。

このように狭義の農業は生業的な衣を脱ぎ捨てながら産業としての農業へと特化してきたもので、もっぱら商品としての農産物、食料の生産にあたる。産業としての農業は国際競争の中で消費者ニーズに対応していくとともに食料安全保障の役割をも主となって担うことになるが、国際競争力に欠ける部分については産業政策によってこれを支援し維持していくしかない。

これに対して広義の農業の中の「農」「農の世界」は産業政策にはなじまないものの、農業の持つ多面的機能の発揮をはじめとして、農業・農村に加えて都市環境を維持していくのに重要な役割を発揮している。この広義の農業については、地域政策とともに、横浜市に見るような良好な農景観の保全、農と触れ合う場づくり、地産地消の推進、緑農一体化の取り組みも含めた施策によって守っていかなければならない。さらには近年、注目を集めつつある農福連携（農業サイドと福祉分野の連携により、障がい者の就労の場づくりの推進）などもこれに絡んでくることになる。

狭義の農業は産業政策によってリードされると同時に、この広義の農業の核としての位置を占めることにはなるが、地域政策、環境政策等とバランスをとりながら、一体的に展開していくことが求められる。

イタリアの社会的農業

都市農業はアメリカのＣＳＡ（Community Supported Agriculture　地域支援型農業）やドイツのクラインガルテンをはじめとして欧米で盛んであるだけでなく、高度経済成長を遂げた韓国、台湾、さらに中国等でも展開は急である。こうした都市農業とは若干異なるが広義の農業として位置づけられるイタリアでの動きに触れておきたい。

中野美季「イタリアにおける包摂と寛容の社会的農業」によれば、イタリアでは２０１５年に「社会的農業法」を成立させており、その第２条で社会的農業（Agricoltura Sociale）について、「農業従事者（個人、グループ）及び社会的協同組合による活動であって、Ａ労働機会に不利な者、身体障《しょう》碍《がい》者、就労年齢に達した未成年者でリハビリテーションと社会的支援のプロジェクトに参加する者の、社会・労働参入　B有形無形の農業資源を活用して、能力・機能の向上、社会・労働包摂の促進、楽しみと日常生活に有益なサービスを提供する、地域社会のための社会・サービス活動　C対象者の健康と社会的・情緒的・認知的機能を向上させるための、医学的・心理学的・リハビリテーション的治療のサポートとしての活動。動物、植物栽培を介する方法も含む。D州レベル認証を受けた社会的農場・教育農場を通じた、環境・食教育、生物多様性保護、郷土の知識の普及のためのプロジェクト、学齢前の幼児と社会・身体・精神的困難を抱える人々の受け入れ・滞在活動」であると定義されている。

このように社会的農業は「『社会的農業』の大きな枠組みに、地域社会全体に開かれた『市民的農業』（Agricoltula Civica）をも包括した定義」とされており、農、農業の持つ社会的・文化的機能・役割が高く評価されるとともに、その機能発揮への期待が明確化されている。

社会的農業は、1980年代からイタリア農村部で「農家の収入補填のために、農業の多面的機能を活用した多角経営が推奨され、地域経済、景観、居住環境等」の改善に取り組まれる中で、農家による宿泊・レストラン事業であるアグリツーリズモ、そして体験教育活動に続いて発展してきたものであるとされる。こうした流れはイタリアにとどまらず、2012年12月にはEUレベルの統一基準の必要性を提唱する「社会的農業のあり方に関する提言書」がEU諮問機関（EESC）から発表されるなど、EU圏で広がりを見せつつあるという。広義の農業を類型化することによって具体的な取り組みを明確化し、その展開を政策的に誘導しようとしていると見ることができる。

産業政策に偏重するわが国の農政

広義の農業の中に狭義の農業を位置づけた日本農業のあり方について、以下に展開していきたい。

わが国の農政は産業政策と地域政策を車の両輪として展開されることになっている。目下の農政は「農林水産業・地域の活力創造プラン」にもとづいて展開されているが、２０１６年11月に改訂されたプランの項目を確認しておくと、①国内外の需要を取り込むための輸出促進、地産地消、食育等の推進、②６次産業等の推進、③農地中間管理機構の活用等による農業構造の改革と生産コストの削減、④経営所得安定対策の見直し及び日本型直接支払制度の創設、⑤農業の成長産業化に向けた農協・農業委員会等に関する改革の推進、⑥更なる農業の競争力強化のための改革、⑦人口減少社会における農山漁村の活性化、⑧林業の成長産業化、⑨水産日本の復活、⑩東日本大震災からの復旧・復興、となっている。キーコンセプトは「強い農業の創造」であり、「農業・農村全体の所得を今後10年間で倍増」させることを目標としていることに象徴されるように、産業政策に特化した内容となっていることは明らかであろう。特に、16年11月のプラン改訂にあたって追加されたのが、⑥の農業競争力強化プログラムであるとともに、①の農林水産業の輸出力強化戦略、農林水産物輸出インフラ整備プログラムである。

農業競争力強化プログラムの中身を見てみると、生産資材価格の引き下げ、流通・加工の構造改革、人材力の強化、戦略的輸出体制の整備、原料原産地表示の導入、チェックオフ（生産者から拠出金を徴収、販売促進等に活用）の導入、収入保険制度の導入、土地改良制度の見直し、農村の就業構造の改善、飼料用米の推進、肉用牛・酪農の生産基盤強化、配合飼料価格安定制度の安定運営、牛乳の流通改革、の13項目があげられている。生産資材価格の引き下げはＪＡ全農改革と連動しており、農産物の流通・加工構造の改革もＪＡ全農改革とともに卸売市場の見直しと連動している。また既にこれまでの種子の安定供給や遺伝資源の保存を規定してきた種子法も18年4月に廃止となり、これらの役割は広く民間に開放されることになるなど、農政の産業政策へのシフトは急である。

一方で、都市農業振興基本法の成立によって都市農地が「あり得べき農地」とされ、都市農業は国土交通省とともに農林水産省の所管とされるが、とりあえず都市農地を維持していくための税制見直し等への対応の動きはあるものの、こうした動きを日本農業全体の中にどのように取り込み、また位置づけていくのか、その方向性はよくは見えないというのが率直なところである。

農林水産省の存在意義

先に述べたとおり、産業政策はおおむね狭義の農業を対象とし、広義の農業から狭義の農業を除いた「農」なり「農の営み」の部分は地域政策および都市農業振興や都市農地保全のための政策によって支援されることになろうが、産業政策と地域政策が一体となって展開されてこそ狭義の農業も含めた広義の農業は守られることになる。むしろ産業政策に特化した農政は、小農経営や兼業農家の切り捨てに直結する。民主党政権時代に措置された戸別所得補償制度は、主食である米の販売農家すべてを対象に生産に要する費用と販売価格の差額補塡と定額補償を行うものであり、農家経営の〝岩盤〟確保を保証することにより、産業政策と同時に地域政策としての機能をもあわせ持つものであったといえる。ところが安倍農政ではこれの検証を行うことなく戸別所得補償制度を経営所得安定対策に名目を変更するとともに補塡金額を半減させ、18年産米からは全廃して収入保険制度へと切り替えた。戸別所得補償制度が持つ地域政策としての機能を排除し、産業政策に対応した収入保険制度としての見直しをはかったものである。

こうした政策の多くは農政審議会での議論を飛び越して、規制改革会議での提案にもとづいて展開されているものであり、官邸主導型の農政が展開されているというのが実態である。目標未達でも何ら責任を問われることのない、かたちだけの食料自給率目標を掲げるだけで、国が断固として食料安全保障を守っていくとする明確な意志を持っていることを実感させられることはない。市場原理をどこまでも浸透・徹底させるばかりで、市場原理がすべてにわたって貫徹することが食料安全保障につながるという詭弁を弄するばかりである。

車の両輪であり、広義の地域政策と一体化させ、バランスをとって進められるべきものが、産業政策が先行、徹底して推進されている状況にあり、狭義の農業に重点を置く流れは一段と強まっている。農林水産省の存在意義は国民への食料の安定供給を確保していくために農業・農村を維持・発展させていくところにあり、産業政策と広義の地域政策を一体的に推進していくことによってこそこれは可能となる。そして産業政策への偏重は小農経営や兼業農家を排除することになり、自給度を引き下げかねないばかりでなく、農村の活力を著しく削ぐことにつながってきた。産業政策と地域政策の一体的な展開を意図的に避けて、産業として特化していく政策しか講じようとしない農林水産省は、既に存在意義を失っているといわざるをえない。産業政策部分を経済産業省に、一方、地域政策は国土交通省や環境省に所管させるほうが、まだよほどましだということになろう。

日本農業の特質を生かす

競争一辺倒からの脱却

ＴＰＰ（環太平洋パートナーシップ協定）やＦＴＡ（自由貿易協定）による貿易拡大をめざしているだけに、産業全体として輸出攻勢をかけていくためには、一方で相互のバランスをはかるために人《ひと》身御供《みごくう》を差し出すことが要求され、結果的にとはいえこの人身御供を押しつけられてきたのが農業である。「農業は重要」「農業は守る」と口では言いながら、結局はいつも貿易交渉の取引材料とされてきたのが農業であり、そのつけは農業・農村・農家に押しつけられ、現在の農業・農村・農家の疲弊を招いてきた。こうした事態を招いてきたのは農業側が農業の構造改革に取り組んでこなかったからであり、構造改革を妨げてきた張本人は兼業農家であり農協であるという論理がまかりとおってきた。

日本の農産物が価格競争力に乏しい主因は、他産業の発展、高度経済成長にともなう急激な円高と産業間の比較優位の問題であり、あわせて狭小で起伏が激しいという自然条件によるところが大きい。大規模化等によって生産性をある程度まで向上させることはできても、日本の農産物が価格競争力に乏しいのは構造的な必然であり、国際競争力を獲得するには遠く及ばないことは明白である。生産性向上による価格引き下げ努力は必要ではあるが、所詮、これには限界があることを踏まえて、国が食料を守るという姿勢を明確にし、これにふさわしい政策支援を講じていくことが必要である。

むしろこれを前提にしてどのような日本農業にしていくべきかが議論されなければならないことを繰り返し述べておきたい。このためにはこれまでの欧米農業をモデルとする愚、言いかえれば日本農業は近代化が遅れているとするコンプレックスから脱却しなければならない。本来、自然に大きく依拠する農業は、国により地域によってまちまちであってしかるべきであり、むしろ日本農業が持つ特質をしっかり踏まえておくことが重要である。

そこで日本農業の特質として考えられるのが、①豊富な地域性・多様性、②きわめて水準の高い農業技術、③高所得かつ安全・安心・健康に敏感な大量の消費者の存在、④都市と農村とのきわめて近い時間距離、⑤里地・里山、棚田等のすぐれた景観、⑥豊かな森と海、そして水の存在、等となる。

地域性・多様性の重視

これまでの流れの中で特に注目しておきたいのが、①の豊富な地域性・多様性である。和辻哲郎の『風土』を持ち出すまでもなく世界はモンスーン、砂漠、牧場等に分かれ異なった風土そして農業が形成されてきた。しかしながら近代化の進行とともに小麦、トウモロコシ、米を筆頭に生産性の高い大規模経営によって単作による大量生産が拡大して価格低下をもたらし、伝統的な食事から西洋型への食生活の変化と農産物貿易の自由化が一体となってこれを後押ししてきた。少品種大量生産を志向するほどに、単純で均平な土地を使っての大規模生産のほうが効率は高く、農業に適しているということになる。したがってブラジルやオーストラリア等の新大陸型の農業が最低価格を実現することによって競争力を確保し輸出攻勢をかけてきた。

ブラジルの農業地帯を車で走ると、半日、一日走っても風景にほとんど変化はない。どこまでも延々とトウモロコシ畑や草地、あるいはサトウキビ畑が続く。これに対してわが国ではそれこそ20分、30分も走れば風景はどんどん変わってくる。南北に長く脊梁《せきりょう》山脈が走るとともに盆地があちこちに形成されており起伏が激しい。それだけに平地は少なく傾斜地が多い。また海岸線が長く、砂浜だけでなく、急傾斜にせり上がった海岸も少なくない。

そもそも日本はモンスーン地帯にあるとともに、長い日本列島の北は亜寒帯、南は亜熱帯に属する。また太平洋に黒潮が、日本海を黒潮から分かれた対馬暖流が北上する一方で、北からは親潮が南下する。南北での大きな温度差とともに、モンスーンや海流の影響も大きく、しかも四季の変化がきわめて明確である。これに先に触れたとおりの複雑な地形がからんで豊富な地域性と多様性をもたらしている。地域の特性を生かして、北海道では酪農や畑作、東北や北陸では稲作、関東では野菜、甲信越では果樹、中部・近畿では稲作や野菜、中国・四国では果樹や野菜、九州では果樹や畜産等が盛んである。これらに加えて、それぞれの地域の中でも標高や土質等の相異を生かして、適地適作でその風土に合った農産物が栽培され、これに山の幸も加わって、伝統的な食事、郷土料理が形成され、さまざまな農畜産品の生産が行われてきた。地形の変化が激しく起伏の多い日本であればこそ地域ごとに多様な農業が展開されてきたといえる。

こうした一方で均平な土地は少なく、概して大型農機の導入は容易ではなく、大規模経営に向かず、生産効率は低い。逆に地域性・多様性に富んでいるが故に農業の近代化を妨げてきたというのが経済効率を重視する側の見方である。そしてこうした見方が明治維新以降、農政、農学を支配してきたのが実情であったといっていい。

もはやこうした見方、こうした農政は時代遅れになりつつあるといって差し支えなかろう。地域性に富み多様な農業が可能であるというのは日本の強み・財産であり、これを生かしていくことをこれからの農業の柱とすべきである。

その地域でつくられる少量多品種の農産物はどこででもつくれるものではなく、かつそこにしかない味であり、自ずと差別化され、輸入物との競合は相対的に少ないといえる。むしろ自然条件に多くを依拠する農業であるからこそ自然条件・風土を生かして、そこにしかない地域性・多様性に富んだ農業を展開する中で、食料の安全保障を確保するために一定程度の稲作等生産を取り込み、農業経営を可能にしていく措置を考えていくのが筋道というものではないか。

次の②のきわめて高い農業技術を持っていることについては説明を要しないであろう。長い歴史の中での知恵・工夫の積み重ねが職人技ともいうべき農業技術を結晶させてきたのである。ただし、機械化の進行、あるいは農業機械の大型化が進む中で、機械の操作技術が向上する一方、手作業による技が次第に失われつつあるとともに、田畑や農作物の生育状況等を観察する力が低下してきていることは、やむをえない面もあるが、意識的にこれらを残し、つないでいく努力が求められている。

消費者の理解獲得へ

これからの農業で最も必要とされてくるのが消費者の理解獲得である。日本にいるとあたりまえで意識することもないが、③の１億２０００万人の人口、しかも安全・安心・健康、品質に敏感で口やかましい消費者が多いことは大きなアドバンテージであり、消費者ニーズへの対応をはかりながら、改めて国産の農産物についての理解を獲得していくことが重要である。そして消費者に理解していくのに一番いいのが、消費者に直接、農場に足を運んでもらって交流なり体験をしてもらうことである。狭い日本、しかも高速道路、新幹線、飛行機等の交通インフラがわが国では高度に整備されており、④のように都市と農村との時間距離はきわめて近い。若干の費用負担を余儀なくされることにはなるが、こうした条件にはきわめて恵まれているのが日本農業なのである。

わが国でも里地・里山や棚田に〝故郷〟を感じて再評価する動きもあるが、最近ではインバウンド（訪日外国人）ブームでたくさんの外国人が来日する中、日本の里山や棚田に魅力を感じて農村を訪れる外国人も増えている。⑤の里地・里山、棚田等の景観は、⑥の森が育んでくれた豊かな水とともにまさに日本の財産であり、これらと一体となって日本農業は形成されてきたことを改めてかみしめ直すとともに、これらを生かしていくことが日本農業を維持していくことに直結してくるように思う。

まさに都市農業が農政から除外されながらも一定程度の農業・農地を維持することができたのも、こうした特質、都市ならではは特質を生かしてきたが故であり、都市農業に学ぶべきところは多い。

改めて考えてみれば、今、存続の危機にさらされている日本農業はこれだけの特質を持ち、非常に恵まれた条件のもとに置かれていると同時に、生態系は豊富であり世界でも有数のバイオマス（生物資源）の賦存量（理論的に導き出された総量）を誇っている。世界には砂漠や乾燥地帯も多い中、このように恵まれた自然を含めた条件に置かれている日本で農業経営が成立しえないこと自体が世界の非常識と言うべきであろう。こうした事態を招いているのは農家、農協の責任だなどというのはとんでもない話で、まさに日本の政治と農政の貧困がもたらしたものであるとしか言いようがない。

軸となるコミュニティ農業

このような日本農業の持つ特質を生かし発揮させていくことが日本農業再生の出発点となるが、特にこの特質にある高所得かつ安全・安心・健康に敏感な大量の消費者の存在は大きい。しかも都市と農村とはきわめて近い時間距離にある。消費者ニーズへの対応とともに消費者との交流が大きなカギを握る。これを軸にしての農業を「コミュニティ農業」として強調してきたところである。

コミュニティ農業が基本とするのは人と自然とによって取り結ばれる関係の重視であり、人と人との関係、すなわち生産者と消費者との顔と顔の見える関係＝提携、人と自然との関係、すなわち環境に優しい農業の展開＝環境保全型農業・有機農業等の推進、自然と自然との関係、すなわち地域循環と生物多様性の尊重、を柱とする。すなわちコミュニティ農業とは、「自然との関係性を尊重・維持しながら、生産者と消費者（産消提携）、農家と地域住民（地域コミュニティ）、農村と都市（農都共生）などの関係性を生かして展開される農業の統合的概念」である。そしてこれが農業の持つ多面的機能の発揮と一体的な関係にあることは言うまでもない。

こうした生産者と消費者の提携によって、消費者ニーズを反映するとともに、環境に優しく持続的で循環型の農業によって生産された農産物を買い支えていく。そして生産者と消費者とが交流し、消費者も身近なところ、手近なところから農業に参画していく、こうした関係性を確立していくことを日本農業再生のための土台としてしっかりと据えていくことが求められる。国産か輸入物かは問わず、安価を優先する消費者が過半を占めているのが現実であるが、であるからこそ低コスト化により価格で輸入物と勝負していくのには限界がある。一方で、先に見たとおり日本は豊富な特質を有しており、これを提携、地産地消等によって消費者といっしょになって生かした農業を展開していくことを基本戦略とすべきと考える。

このコミュニティ農業に関連して触れておきたいのがFEC自給圏である。FEC自給圏については第7章でもあらためて触れることにしているが、コミュニティ農業の根底にある自然循環機能の発揮や、産消提携、地産地消の取り組みを地域レベルで展開していくにあたっての目標、具体的なイメージを提供するものでもある。F（Food）は食料、E（Energy）はエネルギー、C（Care）は福祉介護をさすが、地域での暮らしに必要とされる基本的なものについて極力、地域で産出していくとともに、やり繰りしながら地域の中に循環をつくりだすことによって、極力自給度を向上させ、地域の経済的・政治的な自立の向上をめざしていくものである。

こうした文脈の中で、改めて日本農業のあるべき姿について具体的に検討していくことにしたい。

基本は家族農業による地域農業

地域農業の振興のために

農業は広義の農業であってこそ持続可能で、農業の喜びも楽しみも誇りも感じることができるものである。農業は自然に依拠して農作物を育てるものであるから、人間の思うとおりにはいかない、ある意味では不合理ともいうべきものを多分に含んでいる。計算どおりにはなかなかいかない、日中働いて時間がきたからハイ終わりとはなりにくい。また畦の草刈りや景観の保全等によって維持される「農」「農の世界」については何ら収益をもたらすものでもない。

産業としての農業であるところの狭義の農業にとっては、合理化を徹底して追求することとなり、「農」「農の世界」はともすれば厄介者として扱われがちである。生産と暮らしが一体化した家族経営であるからこそある程度、時間を緩やかにとらえ、収益には結びつかない作業も意味あるものとしてとらえられるのであって、農業を本来の農業である広義の農業としてとらえていくにあたって基本となるのが家族経営なのである。しかしながら家族経営は個別経営であるだけにこれを超えて地域レベルでの対応が必要とされるところも少なくない。個別経営を生かしていくためにも地域レベルでの対応・取り組みは必要であり、相互の力を組み合わせていく協同の取り組みが必須となる。この協同の取り組みによる地域農業としての展開が求められることになる。

このように日本農業のあるべき姿、めざすべき方向性は、家族経営を柱とした多様な担い手が多様な農業を展開しながら地域としてのまとまりをもって生産・販売等で連携・調和を保ちながら取り組んでいく地域農業にあり、地域農業の振興が基本となる。ブラジル、オーストラリア、アメリカ等の農業輸出国が大規模かつ低廉な外国人を含めた雇用労働力を使っての個別経営体が担い手となって競争力を確保しているのに対して、日本は家族経営を中心に専業農家に小農経営、兼業農家等の多様な農家・担い手が、個別経営ではありながらも地域を舞台にして相互に、時には濃密に時には緩やかに連携しながら多様な農業を展開することによって、地域資源を有効に活用しながら効率性をも高めていこうとするものである。たとえ多様な担い手による多様な農業を地域農業として展開するからといって、差別化は可能ではあっても国際競争力を獲得していくことは容易ではない。しかしながら地域資源や食と農をはじめとする大小さまざまの循環をつくりだしていくとともに、都市の消費者とも交流しながら産消連携を広めていくことができる。こうして消費者、国民の日本農業についての理解を獲得しながら、再生産を可能にする支援をも確保していくことによって地域農業の持続を可能にしていく。

そこで地域農業とはいっても、その地域をどのような広さ・範囲でとらえるのか、地域農業の主体は誰になるのか、地域農業では何を作付け・生産していくのか、また地域農業が成立していくために必要とされる要件は何か等、地域農業の中身について具体的に触れておきたい。

地域農業の範囲

地域農業の広さ・範囲は自治体レベルが基準となろうが、担い手や農地管理、作付けと販売・流通等によってその広さ・範囲は異なり、これらを弾力的に組み合わせながら広さ・範囲を可動させていくべきと考える。

担い手については、数十戸程度の集落レベルが基礎単位になる。ここで共同しての農作業や水の管理、畦草刈り等が行われる。しかしながら農作業部分については担い手が不足して耕作放棄地を発生させる集落も多く、これを大字《おおあざ》単位、小学校単位（学区、集落）の中にあり、ある程度土地勘もある近隣の集落にあって相対的に余力を持つ担い手によって補完していくことが望ましい（**図２**）。

図2　地域農業（イメージ）

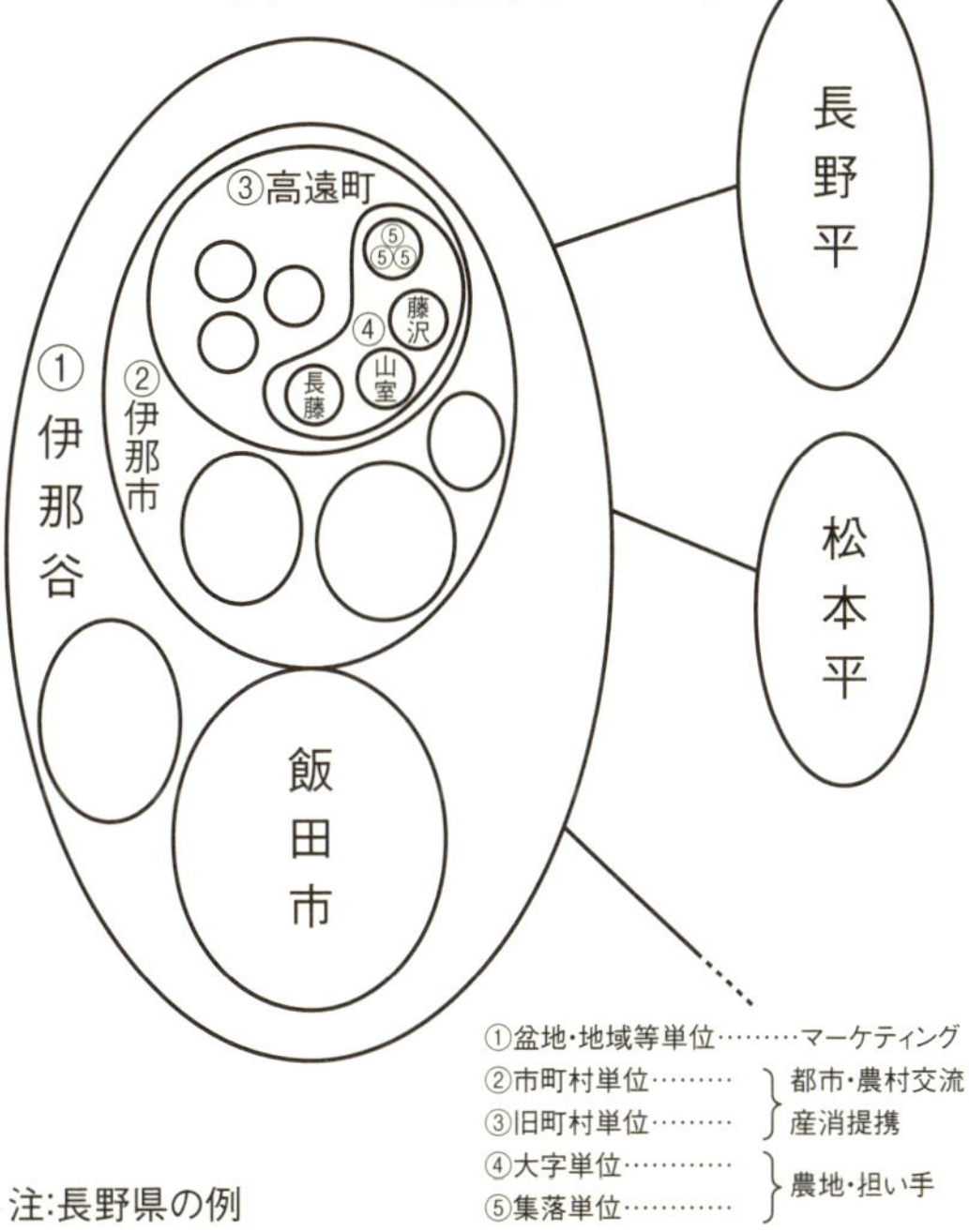

注:長野県の例

農地管理は農作業と連動する。担い手が不在となった農地については集落の中で担い手と農地とをマッチングさせていくことがベストであるが、適当な担い手が集落内にいない時は近隣の集落の担い手に農地の管理をお願いすることになる。担い手と農地のマッチングは、お互いに面識なり情報を持っていて、また集落の他の人たちと共同しての農作業も厭わない人であることが必要であり、だからこそ安心して貸し借り、あるいは売却ができるということになる。県を単位に遠隔地からでも担い手を引っ張ってくる農地中間管理機構は最後の駆け込み寺として機能すべきであって、集落内、もしくは近隣の集落の中で調整していくことが望ましい。

これに対して作付け、すなわちどのような農作物を生産していくのかについては、適地適作が基本で、同じ自治体内であっても平場もあれば山間地もあり、置かれた条件、地勢によって変わってくる。総じて農地が狭小で傾斜地が多いことから多品種少量生産をベースに、稲作・野菜・果樹・畜産を複合させた地域複合経営を展開していくことが基本となる。そのうえで地域ブランドを冠して特産品をつくっていくことにもなるが、地域ブランドをつくりだしていくということからすれば自治体単位でこれに取り組んでいくことが妥当であろう。これに流通・販売が重なってくる。地域ブランドについては、場合によっては近隣の自治体が連合したり、盆地や流域単位等の地理的条件が近似した自治体が連合したり、あるいは都道府県単位で取り組んでいくこともありうる。

こうした直接の農業だけでなく、地域資源の循環等も考慮すれば、自治体単位を基準にして地域農業をとらえていくことになるが、あくまでその基礎単位となるのは集落である。地域農業は集落単位をネットワークでつなぎ、大字単位、自治体単位等と重層的に組み合わせて取り組まれる農業であるということができる。集落単位で調整困難な問題も少なくなく、大字単位で他の集落で対応できない部分を補完していくことが重要になる。

地域農業の主体

集落を基礎単位として展開される地域農業の担い手は、専業農家と兼業農家のプロ農家と、自給的農家や定年帰農者等のアマチュア農家の多様な担い手によって構成される。農業生産の中心はプロ農家の中の専業農家となるが、畦草や農道の管理等の農業に付随する作業については兼業農家や自給的農家等がいっしょになって行われる。大型農業機械等を使っての直接的な農作業のかなりの部分は専業農家によって行われるが、これに付随する畦草刈りや水路の管理等のいわゆる広い意味での百姓仕事はそれ以外の農家もいっしょになって行われ、逆に言えば兼業農家や自給的農家がいっしょになって農業に付随する管理を行うが故に専業農家も農作業が可能になるということができる。

この専業、兼業の関係も、もっぱら専業として農業に取り組む者もあるが、農外で勤務しながらの兼業も、定年後に専業として取り組む者もいるなど、専業、兼業としての地位や関係は決して固定的なものではない。例えば、会社等に勤務している間は手間をかけられないということで畑を専業農家に貸していたものを、定年後はこれを返してもらって結果的に規模拡大をして専業農家として活動するようになる者も多い。すなわち兼業農家の一定部分は専業農家の予備軍でもあり、専業農家へと変わる可能性を持つ。

専業農家が中心とはいいながらも、地域農業にとっては兼業農家やアマチュア農家の存在は大きく、これらがいっしょになっての地域コミュニティが非常に重要だということでもある。かつての村

図3　多様な担い手による多様な農業

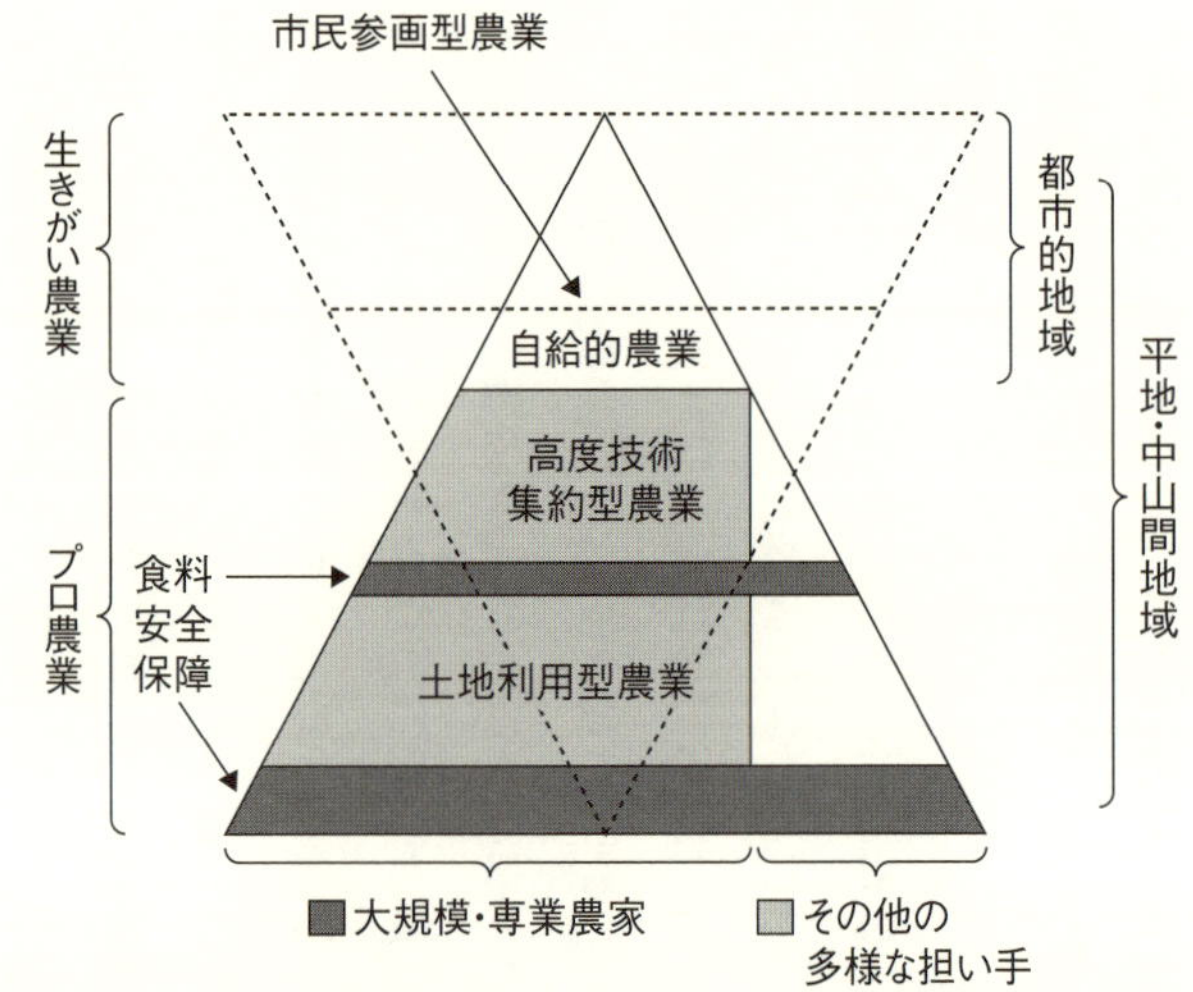

注：実線による三角形は面積ベース、点線によるそれは担い手数ベース

落共同体としてのコミュニティはずいぶんと希薄化してしまっており、集落内での相互扶助の関係を回復・再構築していくことが不可欠であり、改めてアマチュア農家も巻き込んでの地域コミュニティの再生・活性化が大きな課題となる。

昨今では農家でも農業の跡取りがいないのが普通になりつつある。1戸単位での農業、営農の継続が難しくなってきている現状を踏まえると、集落営農、さらには集落法人化することによって農業、農地を運営・管理していくことが欠かせなくなってきている。担い手確保のためには外部から人材を獲得し新規参入させていくことが不可避となっており、雇用関係の中で新規参入を従業員として受け入れ、これを教育しながら地域の担い手として育成していくためにも集落営農の法人化が必要とされる。もちろん、集落営農にとどまらず個別経営体も法人化して経営管理等を強化していくことが必要とされる情勢にある。

このように地域農業は多様な担い手によって維持・振興していくことになるが、個別経営体である専業農家や兼業農家に加えて集落営農や集落法人は持続性を確保していくために大きな役割を発揮するとともに、法人化は経営能力を高めていくとともに、新規参入を外部から確保していく受け皿として機能していくことが期待される（図３）。

地域性を生かした作付け・生産品目

地域農業で作付けしていく品目は適地適作であることが基本であり、日本農業が持つ豊富な地域性・多様性等の特質を生かしていくことにつながる。

食料安全保障を確保していくという意味では米、稲作による水田経営は欠かせない。あわせて消費者ニーズにも対応しながら、適地適作、地域の持つ特質を生かしながら、地域特産物を育て、生産していくことが望ましい。地域特産物と食料安全保障として一定程度の稲作を組み合わせ、さらには自給部分をも含めて、農地を有効に活用していくために地域農業という視点をもって取り組んでいくことがきわめて重要である。適地適作そして地域の持つ特質を生かしていくことは、農業先進国のような大規模経営による単作経営とは異なり、多品種少量生産によって輸入農産物との直接的な競合をある程度回避することを可能にするとともに、ブランド化をもはかりながら商品性を高め、味や品質等で差別化することにもつながってくる。

グローバル化が進行し、輸入農産物との競合が避けられない中、地域性を生かした作付け・生産品目への取り組みは個別農家による単独での対応では、特定の農家が残るのみで、地域全体での生き残りをはかっていくことは難しい。まさに地域農業の振興への取り組みがその前提となることは改めて言うまでもない。

農地利用

こうした作付け・生産品目を何にするかという問題とは若干別に、中長期的には人口減少にともない食料生産も自給率の大幅な引き上げがない限り減少は必至で、必要とされる農地も減少することになる。これに米消費量の減少、担い手の減少も加わって、農地の余剰・過剰の発生は避けられない。このままでは耕作放棄地の増加は必至ということになる。

そこで農地利用をはかる中で土地利用型作物と高度技術集約型作物とに区分することによって、農地の大規模面積利用を積極的に促進していくことをねらいとする作物、あるいは作型を明確に位置づけて導入していく視点が必要となる。土地利用型作物としては稲作や畑作が中心となるが、主食用や米粉での稲作の増産は困難であり、飼料用米や飼料用イネによる増加にも限界があることから、今後は家畜の放牧を大々的に導入していくことが求められる。

水田を使っての放牧である水田放牧は、現状、中国地方等の中山間地域で高齢化が進み担い手不足が顕著なところで導入されている。多くは繁殖素牛《もとうし》を放牧し、そこから生まれる子牛を販売することによって若干の現金収入を得るとともに、農地に生えた草を食べることによって飼料の自給化がはかられ飼料の外部購入を抑制することができる。牛の〝舌刈り〟によって、1頭で1ha程度の粗放的な

放牧による肉用牛の飼養（長野県伊那市）

農地管理を可能とする。

放牧は飼料の自給化を促すだけでなく、畜舎での飼養から牛を解放するものでもあり、舎飼いで外部購入した濃厚飼料の供給を基本とする日本の畜産構造の見直しにもつながってくる。舎飼いは濃厚飼料供給によるまさに集約的な畜産であるのに対して、放牧は土地利用型による畜産の最たるものである。ヨーロッパでは牛の放牧はあたりまえであり、放牧が飼養の中心となっているが、ヨーロッパでは家畜福祉についての関心が強く、家畜の倫理を尊重して健康な環境の中での飼育が義務づけられており、この面からも放牧は支持されている。さらには鶏や豚のケージ飼い等も禁じられている。わが国でも少しずつ家畜福祉についての国民の関心は高まってきていることもあって、この面からも放牧を位置づけていくことが必要であろう。

家畜福祉と同時に注目しておきたいのが、放牧の持つ景観の保全機能で、雑草が〝舌刈り〟によってきれいに刈り込まれ、牛がのんびりと草を食《は》んでいる景観はのどやかで、ホッとさせられもする。里山の景観の美しさが再評価されているが、棚田等に加えて放牧によって〝舌刈り〟された農地・草地等も里山の景観の一部に加えてとらえていくことが求められる。草刈りもされずに荒れ放題となった放棄地には鳥獣が潜んで害をもたらす一因ともなっているが、放牧によって景観を改善していくことが鳥獣害の減少にもつながってくる。

牛は大面積を〝舌刈り〟する能力を有するが、一定以上の角度の斜面では滑落などの事故を起こす確率も高い。狭小で傾斜地が多いわが国で放牧を広げていく場合、積極的に豚やヤギ、羊、鶏等の中小家畜の導入をはかっていくことを考えていっていい。対象とする農地の条件・状況に応じた多様な家畜による放牧、いってみれば日本型放牧による農地管理の強化が望まれる。

なお、農地、草地はもちろんのこと、林地も手がなくて下草刈りができずに放置されているところも多い。林地に牛を放す林間放牧も含めて、放牧を活用できる場面は多い。

地域循環の形成

地域農業では適地適作、多品種少量生産を進めていくと同時に、食料安全保障のための一定の水田稲作とあわせて畜産、すなわち有畜による地域複合経営として成り立たせていくことが求められる。畜糞を堆肥にして発酵・完熟させ、稲作・畑作・果樹園芸等に利用していくのを典型に、地域にある資源を地域の中で有効活用して循環させていくのである。

一方で、地域農業によって生産された農畜産物は極力地域の中で流通・販売させていくとともに、加工もしていく。地域にある食品工場での加工、食堂や旅館等でも調理・提供等していく。まさに農商工連携によって地域の中で循環をつくりだしていくことが望ましい。

さらには農産物にとどまらず人・物・金の循環をつくりだしていくことが求められる。これは人やお金も含めてあらゆるものをできるだけ身近なところ、地域の中で使っていこうとするもので、たくさんの循環をつくりだし、そして太くするほどに、変動する外部からの影響を抑制することにつながり、地域経済の自立性を高めることになる。

地域農業の成立の要件

こうした地域農業をつくりあげていく主体は多様な農業の担い手であるが、担い手だけでつくりあげていくことは難しい。担い手を主体としながらも行政と農協のサポートが不可欠であり、特に基礎単位となる集落を超えての担い手と農地利用の調整、作付け品目の選定等については行政や農協の役割発揮が必要となる。さらに生産された農産物の販売や加工については農協が事業としてこれに一体的に取り組んでいくことが欠かせない。このためにも行政と農協はワンフロア化して、地域農業を連携して誘導していくことが必要である。

また地域農業振興のため中長期計画を策定していくことになるが、中長期計画の中身はもちろん、計画を策定するにあたっての担い手間の議論、意思の疎通がきわめて重要であり、拙速に陥ることなく、実質的な協議を重ねていくことが望まれる。そして中長期計画とする最大の理由は、5年後、10年後の時間経過とともに、担い手がどのように変化していくのかを見定めて、早め早めに5年後、10年後に農地利用が継続できるような担い手確保等の対策を講じていくところにある。

農家の子弟からだけで担い手を確保していくことは難しい時代に入っており、外部から参入、新規就農者を確保していくことが避けられない。中長期計画に連動・併行して、これを特定の農業者だけでなく、集落なり地域単位で新規就農者確保のための受け入れ態勢を構築していくことが必要である。またこれとも関係するが、その地域を理解し応援してくれる都市住民・消費者との交流がますます重要になってきており、中長期計画と併行してこうした交流の企画、受け皿づくりに取り組んでいくことが欠かせない。

第2章

Agro-society

内外で再評価される小規模・家族農業

収穫間近のリンゴ園

プロ農家の要件

プロ農家とアマチュア農家

第1章では地域農業の振興が日本農業の方向性であることを述べるとともに、地域農業の要件や具体的な中身等に触れてきた。地域農業は多様な担い手によって構成されるが、ここで改めて担い手について、これまでの専業農家と兼業農家、あるいは主業的農家、准主業的農家、副業的農家という区分とは別途に、プロ農家とアマチュア農家とに分けて考えてみることにしたい。すなわち農業収入と農外収入の割合が異なっていることに着目するだけでなく、そもそもプロ農家とアマチュア農家とでは求められるところが異なっているというところから出発すべきと考える。これまでは専業農家が階層分解して専業農家と兼業農家、自給的農家等が連続的にとらえられてきたが、担い手数が絶対的に減少する一方で、外部から専業農家や兼業農家等として新規参入してくる者が増加してきていること、そして何よりも農業の産業化が進行すると同時にたくさんの市民が農業に参画するようになってきていることが背景にはある。

ここでいうプロ農家は専業農家に一部兼業農家を含む。兼業農家は農業を中心としながらも季節的に農外で仕事をするなり、農外での仕事をリタイアした後、専業農家になるような本格的に営農に取り組む兼業農家のＡタイプと、自給的な営農を行いながら余剰分を販売しているＢタイプの二つに分けられる。産業としての農業に取り組む農家であることがプロ農家と呼ぶ主旨であることから、兼業農家Ａはプロ農家に、兼業農家Ｂはアマチュア農家に区分される。アマチュア農家には兼業農家Ｂに加えて定年帰農者や市民農園・体験農園等に参画する市民をも含む。プロ農家とアマチュア農家では経済的に農業への依存度はまったく異なり、プロ農家はその裏づけとして高度の技術が要求されるとともに、販売能力などの多様な能力発揮が求められる。農業者、特に新規参入する者は、プロ農家として農業に取り組んでいくのか、アマチュア農家として自給的に、あるいは楽しみながら農業に取り組んでいくのか、しっかりと判断・選択していくことが欠かせない。そこで担い手別に必要とされるところをあげてみたい。

生産・経営・販売の管理

プロ農家はしっかりとした生産管理が前提とされるとともに、経営管理、販売管理、情報管理など多岐にわたって管理を徹底させていくことが必要となる。現場を歩いてみてポイントになると感じてきた点を主にあげてみれば、まず生産管理についてであるが、その中心となるのが技術である。これは知識だけでは身につかない。基本は体験・経験しながら身につけていくところにあり、それだけに先輩・師匠についてのＯＪＴ（On-the-Job Training　職場内教育）が大事となる。また機械化が進み大型農業機械に乗っての作業が増加しており、運転・操作技術が向上する一方で、直接、土に触れ、その匂いや感触で土の状態を判断したり、農作物の生育状況を観察する力が低下してきていることが懸念される。またOJTをつうじて先輩・師匠の取り組み姿勢なりモノの考え方を学んでいくこともきわめて重要である。

次に経営管理である。日本の農家の最も弱いのが、この経営管理であるように思われてならない。ほとんどの農業者は一生懸命に農業をし、生産した農産物を販売しているのは確かであるが、その経営の内容について数字をもって語れる農家は残念ながら少ないと言わざるをえない。消費者、販売業者等の関係する人たちに経営を数値化、見える化して説明し、経営の実情を理解してもらうことが必要な時代になってきているが、まずは自らが数値化し分析した経営内容をよく理解し、自らの経営の長所と欠点、問題点を把握して、経営の改善に結びつけていくことが欠かせない。こうしたことをバックアップしていくために、宮崎県をはじめとする南九州を中心に農協による青色申告の記帳代行をもとにした農業経営管理支援システムが導入されている。同じ品目・畜種等に取り組んでいる生産者たちと比較することによって自らの経営の長所や短所、問題点等の把握が容易となり、これに農協による指導や事業面からのバックアップが一体化されている。こうしたシステムを活用していくこともおすすめしたい。

販売管理については、この中でも顧客管理が重要性を増してきている。これまでの農協をつうじての委託販売から直接販売に切り替えるなり、両方を組み合わせて販売している農家が増加している。農協をつうじての委託販売による安定した販売の確保なり売上代金回収にかかるリスクを回避していくのも一つのやり方であるが、直接販売によって消費者等の反応を直接受け止められるようにして、品目や品質等の見直しや経営改善などに結びつけていくとともに、消費者との交流につなげていくことはきわめて大事である。ここは自らの農業をおもしろく感じ、また農業に誇りを持つことにつながる大きなポイントでもある。

重要な情報発信

これとあわせて近時、非常に重要になってきているのが情報管理であり、顧客からの情報をしっかり受け止めていくと同時に、自らの農業観や理念、その実践・取り組み等についてインターネットを活用して情報発信していくことが消費者と直接結びついていくことを可能にし、直接販売の世界を大きく広げるようになってきている。これはまさにＩＣＴ（情報通信技術）の進展がもたらした情報革命であり、プロ農家はパソコンを使っての生産管理、経営管理等を行っていくことはもちろん、インターネットを駆使して積極的に情報発信していくことが欠かせなくなってきている。

こうしたパソコン等によるＩＣＴを利用していくことがプロ農家の要件と化してきているが、高齢者にとってはなかなかなじみにくいものであることも確かである。プロ農業者もグループ化してＩＣＴの得意な人が教えたり、あるいは共同で運用していくというのも一つのやり方である。このためにも積極的に農協等の指導を取り込んでいくことが必要である。

これら領域のすべてに取り組んでいくことは難しいことも確かである。そこで夫婦間での適切な分担・分業関係を確立していくことが必要となる。これまで農家の嫁となっても多くは旦那の手伝い程度が多く、農業にはいっさいタッチしない嫁も多くなっている。その一方で、農業以外のパート等に出かける嫁も多い。アメリカでは生産は夫、会計は妻というように分担しているところが多い。近時では会計だけでなく、販売管理や情報管理が重要性を増し、ウェイトも増加してきている。販売管理や情報管理などの消費者との接点の多い仕事は、男性よりも女性のほうが得手の仕事であるともいえる。これからの家族経営は夫婦で農耕するというよりは、それぞれの特性を発揮しての分担関係によって仕事をこなしていく二人三脚が求められるように思う。

アマチュア農家の役割と期待

兼業農家Bに加えて定年帰農者や市民農園・体験農園等に参画する市民をも含めてアマチュア農家としているが、農業生産に占めるウェイトは低いものの、農村・地域での存在感は次第に増してきている。アマチュア農家は農業への依存度は低いが、農業以外にも仕事を持っており、会社や工場に勤務する者もあれば、商売などの自営業を営む者、ネット等を使って起業する者などがおり、従来の兼業農家という以上に多業的経営体と呼ぶにふさわしい実態へと変わりつつある。すなわち専業農家から農外に仕事を持つことによって兼業農家になる者がいる一方で、年金をもらいながら農業をする定年帰農や田園回帰現象によって農村に移住して自給的に農業をしながら別途、現金収入が入ってくる途やスキルを持つ者が増えている。

こうした都会から農村に移住してくる人たちの多くは、農業することそれ自体、あるいは農業で自給していくことを楽しみとしており、農業というよりも農的営み、百姓をすることが目的であり、まさに自己実現としての農業参入・参画といえる。もちろん、プロ農家、産業としての農業をやりたくて移住している者も増えてはいるが、アマチュア農家をめざして移住する者のほうが多い。また環境のいいところでの子育てを求めて都会から農村に移り住む者も少なくない。このように産業としての農業ではなく、生き甲斐としての農業なり、環境としての農村に魅《ひ》かれて移住しているもので、農法も有機農業や自然農法に取り組んでいる割合が高い。

アマチュア農家が持つプロ農家にはない強みは、多業的経営体であり、また自給率も高いことから、農産物の出来や価格の変動に左右される度合いが少なく、相対的に経営は安定しているところにある。そして農業以外の世界とのつながりは濃厚で、パソコン等の情報通信機器に精通している者も多い。また都市住民とのつながりは強く、交流も頻繁に行っている者が多い。

このようにプロ農家とは農業に対する考え方も大きく異なると同時に、持っている能力や技術も違う。これを農村の中で生かし、プロ農家が持っていないものを発揮し補完していくことによって地域活性化に結びつけていくことがアマチュア農家に期待される役割である。ともすれば農業に対する考え方の違い等から反目したり、あるいは無視してしまいがちであるが、お互いの力を減殺しあうのではなく、うまく補い合っていくことが求められる。アマチュア農家のけっこうな割合をIターンが占めるが、その地域にしか住んだことのない人たちとはすれ違いが発生することは避けられない。こうした時に、間に入って調整する能力を持つのがUターン者である。地域、地元の事情もよくわかり、一方で外から農業・農村を見る目も理解でき、これを現実的なところで調整・折り合いをつける役割の発揮は相対的に容易といえる。全国ではIターン者が活躍している地域も少なくなく、よく雑誌等でIターン者の活躍ぶりが取り上げられることも多いが、筆者が現地を訪ねてみるとIターン者の後ろでUターン者が支えているケースが多い。

地域農業維持のために

地元の農家ではなかなか持ちえない発想なり人的ネットワークについて、アマチュア農家、特に外部から来た人たちへの期待は大きいが、地域の農業なり農村を守っていくという面ではプロ農家とともに小農経営や兼業農家に期待するところが大きい。

担い手がいなくなった農地については、賃貸借や作業委託等によって直接的な耕作はプロ農家にお願いするしかないが、草刈りや水の管理等の機械化にも限界があって手間を要する作業については小農経営や兼業農家の人手がどうしても必要になる。すなわち担い手がいなくなったからといって、特定のプロ農家、大規模農業者がいれば単純に継続対応ができるということにはならない。このプロ農家と小農経営や兼業農家との地域における連携があってこそ農地の管理は可能になる。

ここで留意しておきたい点をいくつかあげておきたい。第一は、プロ農家を中心に規模拡大が進んでいるが、積極的に規模拡大をしている農家は意外に少ないということである。ほとんどは耕作できなくなった農地を何とか耕作してほしいとの依頼があって引き受けているもので、遠隔地であったり、飛び地であったり、また耕作条件のよくないところからの依頼が多く、規模拡大が効率性向上には必ずしも結びついていないのが実情である。むしろ効率は低下しても地域内の農地を耕作放棄化させるわけにはいかない、として採算を度外視して引き受けているものが多い。昭和一桁《ひとけた》世代のリタイアにともなって団塊世代が中心になって地域農業の維持のために農地を引き受けてきたが、もう10年もして団塊の世代がリタイアする時には、もはやこうした引き受け手はほとんど存在しないことが懸念される。

第二は、兼業農家が規模拡大を妨げているとの批判はまったくの的外れだということである。むしろ農外収入で稲作経営の赤字を補填しながら稲作を維持してきたというのが実態である。農外収入を注ぎ込みながら稲作を継続してきたもので、兼業農家が農地を守り、地域を守り、墓を守ってきたといっても過言ではない。評価されてしかるべきものが、逆に批判の対象とされたのでは兼業農家は浮かばれない。

北陸では近時、農外の仕事をリタイアするのに合わせて、農業も自給部分の農地だけ残してやめてしまうケースが増加しているという。農外収入がなくなって年金収入から稲作の赤字を補填してしまったのでは生活が成り立たなくなってしまうのが一番の理由らしい。また宮城県では小泉構造改革にともない地域にあった工場の多くが海外に移転してしまい、兼業の機会が失われてしまった。そこで農外就業の機会を求めて仙台に居住し、週末に地元に戻って農業をするかたちでの兼業が進んできた。ところが仙台に居住する間に自らの家を建てるものが多く、定年を迎えて農外の仕事をリタイアしても地元には戻らない人が多いという。ここでもリタイアしたら地元で専業農家として活躍するパターンは崩れつつあり、親がなくなれば農地等も処分してしまうケースが増えている。

兼業農家の減少、定年後の兼業農家の専業化の減少は、日本農業、特に水田稲作の経営と担い手の確保を大きく揺るがすものであり、まさに構造変化をもたらしつつある。兼業農家を批判する以上に、少しでも長く兼業農家にはがんばってもらいながら早く次の体制を構築していくことが求められている。もはや農家から農業後継者を確保することは難しくなってきていることを冷静に受け止めていくことが肝心であり、外部から新規就農者を確保していくことが必須であって、既に現場では新規就農者の争奪戦が始まっているのが実情である。

第三に、担い手、特にプロ農家は地域コミュニティなり公共的利益に留意していくことが強く求められる。ゴールドシュミット仮説なるものがあるが、これはアメリカで1940年代にゴールドシュミットによって行われた調査から導き出された仮説で、「大規模農業の割合が農村地域内で増えると地域共同体の生活や文化的な質が低下する」というものだ。ゴールドシュミットは連邦政府のＢＡＥ（農業経済局）に所属していたが、ＢＡＥを辞任することによって公表することができたといういわくつきの仮説であり、また多くの批判にさらされてもきた。この仮説を紹介するとともに、自らもアメリカでの調査を重ねてきた森田三郎は、「コミュニティ生活も、土地の生産性の長期的な維持に関連する環境問題も、短期的な利益よりも長期的な利益を重視しなければ守れない」とする一方で、大規模農家が持つ「工業的価値観といわれている発想法には、どうしても目前の利益を最大化することに力を注ぐ傾向があることは否めない」ことから、「工業的価値観とコミュニティにおける生活の質の向上という課題は両立が難しい」としている。

ゴールドシュミットの仮説は機械化が本格化した1940年代以降のアメリカ農業を対象に打ち出されたものであるが、1960年代以降の日本においても妥当するところが多いのではないか。ただし、第1章でも見たようにグローバルな国際競争にさらされる中では、目先の利益を最大化するだけでは農業の持続性を確保していくことは困難であるとともに、消費者の支持を獲得していくことも難しい。特に日本のプロ農家は地域農業の中でこそ存続・発展が可能なのであり、むしろプロ農家が率先して、地域コミュニティなり公共的利益に積極的に留意していかなければならない時代に入っているように思われる。

法人化の必要性

今、農村でたくさんの若者に出会うことができるようになったが、農山村ほど、条件の悪い〝辺境地域〟ほど若者の姿が目につく。逆に比較的元気な担い手が残るところほど若者を見かけることが少ないというのが実感である。

辺境地域では半ば自分たちで農村を維持していくことは困難で、誰でもとにかく来て農村に住んでくれればありがたい、ということで若者に間口を広げてきたところが多い。そこで若者たちが村の人たちに何から何まで教えてもらいながら、少しずつ村の一員として成長し定着してきたもので、ここで子どもをつくり、子育てをすることによってささやかながら集落の人口が増えて、保育園や小学校の廃校を回避するに至ったところも少なくない。

こうした辺境地域は山の幸も豊かではあるものの農地が狭いだけに現在では専業農家として生きていくことは困難であり、農業は自給目的でやるのがせいぜいで、ネット等を使って他の仕事を併行することによって現金を稼いでいくことが必要となる。その意味ではプロ農業としてやっていけるだけの条件を持つのは平場を中心とした農村ということになるが、ここでも若者の姿はよく見かけるが、意外なほどに前面に出てくることは少ない。まだ担い手が元気であり、担い手に教えられて一人前になるまでには時間を要するということなのであろうか。次第に存在感を強くし、いずれプロ農家として成長し活躍してくれることを期待したい。

相対的には辺境地域でもなく平場でもなく、その中間にある地域が、担い手の高齢化が進行している一方で若者も少なく担い手の確保に窮しているところが多く、担い手問題は深刻であるように感じる。担い手が高齢化しているとはいえ、ほどほどに元気なだけに積極的に間口を広げて若者を迎えるには至らず、若者が入ってはきても彼らに任せるところは少なく、ともすれば「最近の若者は」とついつい愚痴を言ってお互いの関係をマイナスの方向に持っていってしまうことも少なくない。こうした中間地域では担い手の高齢化や抜けた穴をカバーするために集落営農がつくられているところが多いが、これを法人化することによって雇用を可能にして外部からの人材を確保していくことが欠かせない。

法人化といえばともすれば企業的経営を推進するためにその必要性が強調されるが、外部からの人材確保という意味で、目下、最も法人化が求められるのは集落営農ではなかろうか。ただし、農業は自然・環境の変化によって仕事の内容や時間帯も変化するものであり、雇用だからといって一定の時間帯のみ働けばいい、ということには必ずしもならない。受け身で雇用されるのではなく、雇用関係にはありながらも主体的に仕事に取り組んでいくようリードしていくことを要する。

集落営農とともに法人化することが必要と考えられるのが家族経営の中のプロ農家である。アマチュア農業も含めて一律に農業経営を法人化していく必要はないが、プロ農家は家族経営の利点を生かしながらも経営管理を徹底し一定の収益を確保していくことが必須である。

時代の変化を生かしたプロ農家の事例

各地でそれこそ多様な担い手ががんばっているが、ここではここ数年、親しくおつきあいいただいているプロ農家の中から、時代の変化を敏感に嗅ぎとり自らの感性を生かして取り組みつつある三つの事例を取り上げておくことにしたい。

事例① 長野県伊那市　与古美代表・伊藤剛史さん

http://yokomi.net

はじめに長野県の南部、伊那谷《いなだに》でリンゴ生産に取り組んでいる与古美《よこみ》代表の伊藤剛史《たけふみ》（36歳）さんである。長野県伊那市高遠町には伊那東部山村問題研究会のメンバーとして毎月のように足を運び、地域でがんばっている皆さんに現場を見学させていただきながらヒアリングを重ねてきたが、そこで出会った一人が伊藤さんである。伊藤さんは高遠町長藤の出身であるが、大学進学で実家を離れ、会計事務所等での勤務を経て、6年前からリンゴ生産に取り組むようになったUターン者である。ビジネスに興味があり、いずれ定年になってから農業を引き継いでやることはありうるとしながらも、会計事務所等に勤めつつ、遠からず自らビジネスを立ち上げることをめざしていた。

それがある時、父親がやっているリンゴ経営を見て、ピンとくるものがあったという。農業は労力の割に見返りが少なく、担い手の確保が困難な状況に置かれているが、リンゴの世界については需要がありながらも供給がこれに追いついていないことから、ここにはビジネスチャンスがあると直観したらしい。しかも東京のような大都会よりも、自然が豊かで居心地のいい故郷が好きであり、リンゴ経営でビジネスが成り立つならやってみようと決断した。実家はリンゴ農家で、伊那市の北隣にある箕輪町も含めて5haのリンゴ畑を有しており、父親の指導も得ながら共同経営というかたちで転職・就農に踏み切ったという経過を持つ。

伊藤さんの最大の特徴は、リンゴ生産で自立経営が可能となるビジネスモデルの確立をめざして取り組んできたところにある。そしてこのため重点的に取り組んできたことが四つある。第一が、新矮《わい》化《か》栽培による取り組みで、収穫作業を楽にするためにリンゴの木を小さく仕立てると同時に、枝をぼんぼりのように下に垂れ下がるように伸ばしており、これで剪定作業も少なくて済むようになっている。またこの方法だと80㎝間隔と密に植栽できることから、効率性の向上がはかられ、経営規模の拡大も可能になるとする。

リンゴの手入れに精を出す伊藤剛史さん

第二が品種構成へのこだわりと販路の選択である。品種ごとの経済効率を見定めながら品種を選択してきた。販売については商談会への参加や仲卸への取り組みにトライアルしてもきたが、現在は個人直販を主とし、時期によってはＪＡへの出荷をも行っている。要は、品種によってどの時期に、どこに出すか、コストも考えて利益率が一番高いところで勝負している。

第三が積極的な対外的評価の獲得である。営業努力を販売に結びつける武器として、品評会等での対外評価が必要であるとして、県のコンクールに毎年、出品を続けている。5年前の初出品から5年連続入賞し、この2年は続けて長野県知事賞を受賞、最上位の農林水産大臣賞をめざして品質向上のための創意工夫を重ねている。

第四がこうした取り組みを踏まえてのビジネスモデルの確立・普及と地域との連携である。当面、1本のリンゴで6000円の売上を見積もって、5haすべてで1万6500本の高密植栽培をめざしている。既に援農してくれる人には成果報酬型の給与体系を採用しているが、目標とする所得が確保できるようになれば、臨時雇用ではなく正社員としての雇用も可能になる。そして社員が独立して就農することによって産地を継続・発展させていくことができる。「自分でやってみて、リンゴがこんなに深いものだとは思わなかった」という伊藤さんの感動がビジョンに仕立て上げられビジネスモデル化することによって、伊藤さんのまわりでは既に3人が新規に就農してリンゴ栽培を開始するなど、接触する若者たちを動かし始めている。

ここで留意しておくべきは、こうした取り組みの背景には父親といっしょに作業しながら技術の習得をはかるとともに、農業者として不可欠な〝魂〟や近隣との関係性も含めた〝土地勘〟を学んできたことがある。この事例はいかに経営感覚にすぐれ意欲ある新規就農者がいても、これを一人前にしていくためには、ごく身近なところでの徒弟制度的な教育・訓練が決定的に重要であることをも示している。

事例② 山梨県甲州市勝沼町 百果苑・荻原慎介さん

https://www.koshu-kankou.jp/map/budo/hyakkaen.html

私の山梨市牧丘町にある畑から車で10分ほどのところにJA山梨フルーツの直売所がある。自ら野菜をつくってはいるものの自給には遠く及ばないことから毎週のように直売所には足を運んでいる。ある時、この直売所でショウガを並べながら、買いにきた年配の女性に、ショウガの食べ方をいろいろと説明している若手の農業生産者がおり、その熱弁についついこちらも引き寄せられて声をかけたのが荻原慎介さん（32歳）である。

勝沼のブドウ農家の5代目であるが、山梨でのブドウの作業は春先から忙しくなり、収穫は7月下旬から始まり10月中旬頃まで続く。逆に言えば10月の下旬から冬の間は比較的ゆとりができることになる。このゆとりのある期間を活用してブドウとはまったく違った作物の勉強なり生産、あるいはブドウの指導等に取り組んだり、集中して趣味を楽しんだりしているのが荻原さんである。荻原さんはブドウの収穫作業が一段落すると高知県に飛んで友人の農場でショウガの生産にあたるとともに、山梨でもショウガを導入・生産している。また最近はお父さんがメインとなって対応しているそうであるが、北海道の釧路で、パルプ工場から排出される温水を使ってのブドウの温室栽培に取り組んでいる現場の指導にもあたってきた。また今では山梨のブドウの主要な品種の一つとなっているピオーネは、静岡県の伊豆の国市長岡で開発された品種であり、長岡でその原木を保存するとともに6次産業化に取り組む活動が始まったことから、お父さんとともにその支援にもあたっている。

このようにブドウとショウガを軸に、勝沼、釧路、伊豆と高知ということで、生産品目とともに生産地も複数化し、これに指導・支援をも織り込みながらの農業に取り組んでいる。

さらにはこうした取り組みに関連させて甲州市にシェアハウスを設けており、就農を希望する都会の若者に住まいを提供しながら、耕作放棄化されかねない農地を活用しての農業を後押ししている。いっしょに作業をしながら指導するとともに、自らが高知等へ出かけて不在の間は作業を委託することによって現金収入が確保できる仕組みにする等により、５年後には年収５００万円をめざすビジネスモデルを作成して新規就農者の自立をリードし、促してもいる。

その荻原さんは〝遊び〟のほうも一流のようで、高知では大いにサーフィンを楽しんでもいるらしい。

事務所前で愛犬といっしょにポーズの荻原慎介さん

そのサーフィンに関連して「ファームサーフィン」というのが荻原さんのキーコンセプトで、これは「ネットサーフィン」からきているようだ。ウェブページを閲覧するにあたって、興味の赴くままに次々とページを閲覧していくことをネットサーフィンというが、多様な「ファーム（農業）をサーフィンしよう（味わおう）」というのが趣旨だ。すなわち農業はその土地の気候、地質、水質、人の気質等の複合体であり、だからこそそこだけの食文化、景観、生活習慣、風習等が存在する、というのが基本的な農業観であり、まさに各地の農業を味わい、楽しんでいるということができる。

またこれに関連して強調するのが「ローカルｔｏｏローカ

ル」だ。知り合っただけでは「ローカルｔｏローカル」にすぎないが、もっと深い関係になる、なろうとする「ローカルｔｏローカル」になってこそ、その根底にある大事なものが見えてくるのではないか、という。

農業は深く、そのおもしろさ、醍醐味は、その地域性・地域資源を〝再発見〟しながら、これを生かし、楽しんでいくところにこそあるということなのであろう。まさに多地域居住型のような農業に取り組んできたからこそ獲得可能な認識のようにも感じる。そして「おもしろく楽しくやることが一番で、儲けは次」と語ると同時に、「笑えるのが本当の百姓」だという話は深く、共感するところ大である。本来は百姓だからこそ「百笑える人生」を送ることが可能なのであり、百姓が「百笑」になってこそ日本農業の再生につながるということになろう。

何とかの一つ覚えのように「農業所得の倍増」ばかりが声高に叫ばれ、所得向上にあまり熱心とはいえない農業者は時代遅れ、経営意識が欠如しており、こうした農業者ではこれから先の日本農業を任せることはできないという風潮が濃厚につくりあげられつつある。結果的に地域を軽視し「今だけ、金だけ、自分だけ」という農業者を増やしかねない農政が進められつつある中、こうした若者との出会いにはほっとさせられるものがある。そしてこうした若者たちにこそ新しい時代を切り拓いていってほしいと願わずにはいられない。

事例③　北海道士別市　イナゾーファーム・谷寿彰、江美夫妻

https://www.inazofarm.jp

北海道の士別市にあるイナゾーファームから通信が届いた。第4子の長男誕生とともに、版画家・宮崎文子さんの当農場を作品にした「Inazo Farm」が飾られ「おかげさまで農場はまるで小さな『ギャラリー』のようです」とあった。この通信の書き手が谷江美さんである。

筆者は長年にわたって早稲田大学で非常勤講師を務めてきた。そこでお世話になっているのが同大学社会科学総合学術院の弦間《げんま》正彦教授である。早稲田大学はイタリア・ベニスの沖合のサン・セルヴォーロ島にあるヴェネチア国際大学と交流協定があり、もう7～8年前のことになろうか、弦間教授が半年ほどヴェネチア国際大学で教鞭をとることになって滞在。その講義の一部を私が分担することになってヴェネチア国際大学に出かけたことがあった。その際、弦間教授の宿舎となるアパートに泊めてもらったが、この時、やはり同じアパートに寝泊まりしていてごいっしょしたのが谷夫妻だ。二人は新婚旅行でヨーロッパを回る途中で当地に滞在、弦間教授が奥さんの江美さんの恩師であることから先生のアパートに転がり込んで寝食をいっしょにすることになったもので、私のヴェネチア国際大学での講義も聴講してくれた。それからのご縁で、おつきあいが続いている。

谷夫妻は今では双子を含めて4人の子どもに恵まれ、ご両親におばあちゃんを含めて9人、士別市でにぎやかに暮らしている。その士別市は北海道北部、札幌と稚内のほぼ中間、夏冬の寒暖差60℃で

知られる名寄《なよろ》市の南隣にある。最後の屯田兵村の一つで、農業の集散地として発展してきたところだ。今は豊かな自然と夏の冷涼な気候等を生かして、「羊のまち」「合宿の里づくり」等で売り出してもいる。

イナゾーファームは経営面積が14haで、米とカボチャ等畑作物、トマトの生産、トマトジュースの加工、そしてこれらの販売を行っている。家族経営で、作業はご主人の寿彰《としあき》さん、江美さん夫婦とご両親とで分担。トマト部門ではその時期の作業に合わせてパートを活用している。

経営のメインにしているのがトマトであり、これが極上の味だ。北の北海道でもトマト生産は増加しているが、ここではミディトマトのハウス栽培に挑んでいる。大きな寒暖差や粘土質土壌を生かすとともに、土づくりや有機栽培にこだわっており、トマトの味は濃厚で甘みと酸味のバランスが素晴らしい。一粒食べれば、そのうまさが口に広がり、トマトの持つ力が体にしみわたってくる感じがする。野菜というよりは果物といったほうがいいような逸品だ。さらにこれを加工してのジュースは、まさにトマトのエッセンスともいうべき味で、コップで飲むのがもったいない、おちょこで味わいながら飲むのがちょうどいい。

イナゾーファームで注目しておきたいのが、トマトの味と合わせて、ご夫妻の分担・連携関係である。以前とはいっても、9・11（2001年、アメリカ同時多発テロ事件）以来、アメリカに足を運ぶことを避けてきたこともあって20年ほど前のことになるが、アメリカのいくつもの農家を訪問して印象に残った一つが、夫婦の役割と分業を明確にしていることである。夫は農作業中心で、奥さんが

にぎやかに朝の食事をとる谷さんファミリー

経理を分担し、夫婦で経営と営業をともにするというのが基本パターンだ。

ところが日本では、最近は農家とはいっても農業にはタッチしない嫁さんが増加しており、農業をやる場合でも夫といっしょに農作業をやるのがせいぜい。まして管理・会計や広報を担っているケースはごく稀で、分業するという感覚は乏しい。結果的にどんぶり勘定が多く、また広報にはほとんど手がつけられていないというのが実態だ。

イナゾーファームでは寿彰さんが生産と加工、江美さんは経理・販売管理・広報を担っている。通信はもっぱら江美さんの手になるが、地域、周辺、家族の情報、そしてトマトジュースを使っての「農家レシピ」等が満載。ビジュアルかつホットに記されており、消費者との架け橋としての役割は大きく貴重だ。こうしたお互いの特性を生かしての経営は、これからの時代の担い手像、嫁さん像を提示しているようでもある。

再評価される小規模・家族農業

アメリカで変わる⁉　家族農業への見方

事例で取り上げたのはいずれも家族経営であるが、こうした家族経営が減少しつつあるのがわが国の現状である。そして〝先進国〟アメリカでは家族経営は一部にとどまり、ローラ・インガルスが描いた『大草原の小さな家』の世界は遠い過去の話と思っていただけに驚かされたのが、「家族農業をべた褒め——米農務省の報告書」なる新聞の見出しである。

この記事は２０１８年４月３日付の日本農業新聞である。農務省の報告書では、「経営主、血縁者、養子、配偶者が、経営資源の半分を握っていること」を家族農業の定義にしており、法人化しているものや、昔ながらに家業的に農業をしているもの等、その多様な形態とは関係なしに、血縁で結ばれた家族が農業経営を把握し、決断しているものを家族農業としている。その家族農業が２０６万のアメリカの農業経営体の99％を占めており、しかも農業生産額でも89％は家族農業によって産出されているという。アメリカ農業の多くは企業が所有・経営しているとのイメージは実態とはまったく異なっており、「米国のこれまでの歴史と同じように、米国農業は（現在も）家族が所有し運営する経営体が支配的」であることが強調されている。

「作業の季節性、圃場《ほじょう》の特徴に合わせた知識、突然の気候災害への対応を考慮すれば、「米国農業が家族によって営まれることが有利であり続ける」と結ぶ。合理性を追求する米国でも、家族農業こそが望ましい姿だと報告書は言い切っている」との紹介である。

同じ家族農業とはいっても企業との契約生産により実質、企業の下請けと化しているものが多くを占めるのかもしれない。またアメリカの農業経営は政府による手厚い支援によって成立しているのが実情であり、その支援を正当化し、国民の理解を得るための理屈としてにわかに家族農業を持ち出してきたかのかどうかはわからない。しかしながら確かに作業の季節性、圃場の特徴に合わせた知識、突然の気候災害への対応のためには、雇用労働力ばかりによる企業経営による農業では限界があることだけは間違いない。

国連による「家族農業の10年」

国連も家族農業の重要性を評価し、その推進をはかってきた。国連が2014年を「国際家族農業年」と定めて、世界各国で小規模・家族農業を見直すキャンペーンを展開したことを記憶しておられる人もあろうかと思うが、国連は改めて2019～28年を「家族農業の10年」と定めることを決定した。このベースになっているのが2007～08年の世界食料危機やリーマンショックによって、「今のままの延長では未来はない」という認識であり、国連のこれまでの農業開発モデルからの農業政策の転換である。あわせて「持続可能な開発目標（ＳＤＧｓ）」の推進により、30年を期限に、国連は貧困や飢餓の撲滅、地球環境の保全などをめざしている。すなわちＳＤＧｓの目標達成のためには農業生産の多くを占める家族農業が重要な役割を果たすとの判断と位置づけがある。

こうした背景にあるのが農業の大規模化にともない、大規模化から取り残され貧困層として都市に流出した農民の存在で、都市では貧民として暮らしにも困窮する状態を余儀なくされている。農業の大規模化が、こうした農民、貧民を大量に生み出し、経済的格差だけでなく社会的な不安定さを招いているということがある。あわせて熱帯雨林の乱開発や水資源の枯渇、農地の砂漠化、塩害、化学肥料・農薬その他の薬剤の多用による影響などにより、世界各地でさまざまな環境破壊をもたらしてきた。まさに農業の持続性とともに社会、地球の持続性喪失が農業の大規模化によってもたらされてきたとしている。

こうした一方で小規模家族農業は、栄養改善、食料安全保障、飢餓と貧困の根絶、生物多様性の保全、環境持続性の実現等の多様な役割を有しているとともに、エネルギー効率や環境負荷の面からも効率性は高いとして、これを再評価している。

小規模・家族経営を復権させることによって、規模拡大路線の行きづまりと地球環境問題を打破していくことをねらいとして国連人権委員会では「小農民と農村で働く人びとの権利宣言」について審議が行われており、年内（２０１８年）にも権利宣言が出されることが期待されている。

中国の小農評価

こうした国連の動きと併行して特記されるのが中国の動向である。中国はこの20～30年で急速な経済成長を遂げ、ＧＤＰで２０１０年には日本を追い越して世界第2位の経済大国となり、２０３０年頃にはアメリカを追い越すとの予測もある。その中国は「小康社会（著者注：ややゆとりのある社会）の全面完成の決勝段階」（２０１７年10月18日の中国共産党第19回全国代表大会における習近平主席の報告。以下同じ）に入ろうとしているとともに「中国の特色ある社会主義が新時代に入った肝心な時期」にあるとされている。すなわち中国は二段階による発展を計画しており、「第一段階の２０２０年から２０３５年までは、小康社会の全面的完成を土台に、さらに15年奮闘して、社会主義現代化を基本的に実現する」としている。

中国では低くなったとはいえ依然として農業のウェイトは高く、現代化経済体系の主要な柱の一つが農村振興戦略である。農民の財産権の保障と並んで現代農業の産業体系・生産体系・経営体系を構築していくことが打ち出されているが、ここで担い手については「農業支援・保護制度を充実させ、多様な形態の適正規模経営を発展させ、新しいタイプの農業経営主体を育成し、農業社会化サービス体系（著者注：補助金によって導入した農機具により作業委託を進めていくなど、便益を広く地域で活用・共有していくもの）を十全化し、小規模農家と現代農業発展との有機的な結び付きを実現する」とある。すなわち新たな担い手としての農業経営主体を育成するだけでなく、小規模農家の存在と、その有機的な結びつきを前提している。

中国では農業問題を、農業・農村・農民の「三農」問題として位置づけており、この三農問題は、「国の経済、人民の生活にかかわる根本的な問題であり、「三農」問題をしっかりと解決することを終始全党諸活動の最重要課題として位置づけなければならない」とする中で、小規模農家の存在を前提にした農業の現代化推進をはかろうとしていることは非常に関心を引かれるところである。

日本での家族農業見直しの動き

世界全体を見渡しても、また歴史的にも小農・家族経営が多くを占めていたわけであるが、農業の近代化によって規模拡大が推し進められるのにともない、小農・家族経営が軽視され減少を続けてきた。しかしながらここにきて、大規模化志向が根強いとはいえ、地球的規模で小農・家族経営を再評価する動きが着実に広がりつつあるといえる。

わが国でも攻めの農業が推進され、小農・家族経営の淘汰が進められつつあるとはいえ、小農・家族農業を積極的に見直す動きも目立つ。その一つが２０１５年の小農学会の設立である。設立総会では、「一つ　われわれは農の神髄は小農に在ると確信し、その研鑽、実践と普及に努める。一つ　われわれは農はお天道さまとのもやい仕事であることを認識し、自然の営みに沿った農を実践する。一つ　われわれは農の使命は人類の生命の維持であることを理念として、すべての人々にその恩恵が届く社会を目指す」とした大会宣言を採択している。

また17年12月には「小規模・家族ネットワーク・ジャパン（SFFNJ）」が発足している。「現在、世界の食料の8割が小規模・家族農業によって生産されており、世界の全農業経営体数の9割以上を占めている」ものの、「急速な市場のグローバル化、農産物・食料の国際価格の乱高下、気候変動や災害、企業や国家による大規模な土地収奪、多国籍企業による種子の囲い込みなどに直面し、小規模・家族農業は危機的状況に置かれて」いる。「こうした中、時代遅れだと思われていた小規模・家族農業が、持続可能な農業の実現という目的に照らして、実は最も効率的だという評価がなされるようになってきた」として、小農・家族農業が果たす役割や可能性を伝えていくことをねらいとしている。

日本も含めて農業の担い手の基本をなすのは家族経営であり、小農経営も貴重な担い手の一つとして地域農業の中に位置づけられる。しっかりとした地域農業が営まれてこそ、家族経営や小農経営は成立・持続していくことが可能となる。地域農業による取り組みの持つ意義は大きく、日本での家族経営・小農経営をも尊重した地域農業としての取り組みを世界に発信するとともに、第5章のキューバ農業についてのレポートにもあるように、キューバ等とも連携しながら家族経営・小農経営を重視しての地域農業をもう一つの農業モデルとして世界に広げていくことが期待される。

持続的で循環型の農業へ

ここで改めて触れておきたいのが農業と環境の問題である。農業は食料を供給していくことを主たる目的にしており、食料の安全保障を確保していくためには持続的で循環型であることが前提となる。ところが目先の収量や効率性を重視するあまり大型農機具の導入とあわせて化学肥料や農薬の使用によって持続性や循環を喪失してきた。田んぼからイナゴがいなくなって久しく、今では市販されているイナゴの甘露煮は中国からの輸入物だとも言われている。また稲刈り時にはたくさんの赤とんぼが飛び回っていたものが、もう7～8年前にもなるが米どころの新潟では赤とんぼを見かけなくなってしまったとの話を耳にした。

まさに生物多様性を失いつつあることが持続性の低下や循環の喪失を象徴しているといえるが、生きものにも優しい農業に取り組んでいくことが持続性・循環を取り戻していくために必要であるだけでなく、食をつうじて生命力にあふれる農畜産物をはじめとする食べ物をいただくことによって人間の健康にも大きく作用することになる。食はまさに命を恵みとしていただくものであり、命を尊重し大事に扱っていくところに有機農業や家畜福祉の本質はある。化学肥料や農薬等の使用は必要最小限にとどめ、極力、抑制していくことが重要であるとともに、家畜福祉、さらには生物多様性を重視した取り組みが求められている。

こうした農畜産業等の個別の取り組みとあわせて、森・里・海の循環を作っていくことが重要であり、都市農業でも農業と緑を一体化させた緑農政策を展開していくことが求められる。森・里・海の循環が大事であることに改めて気づかせてくれたのが、宮城県気仙沼市の漁師・畠山重篤《しげあつ》さんが中心になって推進してきた「森は海の恋人」をスローガンにしての漁師や市民が一体となっての植林活動である。

「森の中にある落葉広葉樹は、土の中のミネラルを吸収し、太陽エネルギーを使って光合成を行いながら生長していきます。そして冬になると落葉し、地表には落ち葉が幾重にも積もっていきます。この落ち葉は地中に住む昆虫やミミズや微生物によって分解され、栄養塩（ミネラル）となって土壌を豊かに肥やしていきます。山に降った雨は、この土壌のミネラルを時間をかけてたっぷり含みながら、やがて川となって海へと流れていきます」（赤峰32頁）。川は途中で田を潤し、「水稲が鉄分の心配がなく連作できるのは、山から流れてくる水で運ばれた鉄が絶えず供給されているためではないかと考えられる」（矢田66頁）。さらにミネラルの中でも特に大事な役割を果たす鉄分は、黄砂や日本国内にある森林から川となって海に供給されると考えられていたものが、プランクトンの発生状況からしてみると、多くはシベリアの森林と湿原からアムール川、サハリン海流、親潮に乗って供給されている。すなわち世界三大漁場の一つである日本近海の魚介類が必要とする鉄分の多くはシベリアの森林と湿原から供給されていることがわかってきたとのレポートもある（畠山２０６～２０７頁）。

また振り返ってみれば昔の山はどこもきれいであった。山の雑木が落とした枯れ葉はかき集めて堆肥にされた。雑木は10～20年すれば切って薪にして燃料として活用した。山は明るくキノコもたくさん出て秋の味覚を提供してくれた。こうした循環を平地で畑と雑木とを一体化することによって形成してきたのが三富《さんとめ》新田に代表される「武蔵野落ち葉たい肥農法」であり、日本農業遺産として認定されてもいる。

このように微生物のレベルから地球規模のレベルまでさまざまな循環がつながっていると同時に、幾重にも重なっている。循環しているということはまさに生きていること、命の核心は循環にあるのであって、循環が止まることは死を意味する。重層的・曼陀羅的に展開するさまざまな循環を滞らせることのないようにしていくことが生きている者の務めであり、それが持続性をもたらしてくれることにもなる。

循環を回復させ持続性を取り戻していくためには地域自給圏という発想と取り組みが欠かせない。その象徴的な取り組みとしてFEC自給圏があるが、食料（F=Food）、エネルギー（E=Energy）、福祉介護（C=Care）という基本的な必要不可欠なところから始めて、緊急性・重要性の高い課題に即した大小さまざまな循環をつくりだしていくことになる。こうした循環に対応した農業生産なり流通、さらには暮らしにしていくことが求められる。

ＩＣＴと農業

もう一つ欠かせないのがＩＣＴ（Information and Communication Technology　情報通信技術）と農業との関係である。ＩＣＴの進展はめざましい。パソコンを使っての経営管理の重要性については先に触れたところであるが、現在では担い手の高齢化・後継者不足、農業のビジネス化、海外との競争激化等から、生産管理、経営管理はもちろんのこと農業のすべての領域でＩＣＴ化が急速に進みつつある。

こうした中で「さまざまな『モノ（物）』がインターネットに接続され、情報交換することによって相互に制御する仕組み」（ウィキペディア）であるＩｏＴ（Internet of Things）をも取り込んでの「スマート農業」が脚光を浴びつつある。すなわち①作業のノウハウをＩｏＴで見える化することによってのノウハウ継承、②センサーを使っての環境制御、③気候や土地に合わせた最適な栽培、④データをもとにしての計画生産、⑤ロボットやドローンの活用、⑥ウェアラブルデバイス（腕や頭部など、身体に装着して利用することが想定された端末（デバイス）の総称『ＩＴ用語辞典』）を用いた健康管理、等を活用して生産量のアップと作業負荷軽減をはかり、収益のアップをめざそうとするものである。

こうしたＩＣＴ化の進展は必然的なものがあり、この流れは押しとどめられるものでもないが、それにしても進展の度合いは急であり、激しい環境変化に対応しながらＩＣＴを実際に導入していくことができる農業者はごく一部にとどまるとともに、ある程度までの定着を見るまでには相応の時間を要するものと考えられる。確かにうまくいけば収益が確保できる可能性はあるが、基本的には技術面だけでなく投資負担など大きなリスクを抱えているということができる。ＩＣＴそのものではないが、日本施設園芸協会は全国の大規模施設園芸と植物工場の事業者の45％が経営赤字で、植物工場だけだと58％が赤字経営（いずれも２０１７年）との調査結果を発表している。とはいえどもＩＣＴ化によって高齢化しても作業が可能になるなり、担い手が不足していてもロボットやドローンが作業を代行してくれるなどメリットが大きいことも確かであり、経営的には慎重を期しつつ導入を判断していくことが必要であろう。

これは総論としての話であり、こうした農業のＩＣＴ化はプロ農業者、しかも法人であるような大規模であってこそメリットを獲得できる可能性があるということであり、小規模経営やアマチュア農業者にとっては部分的に、メリットが獲得可能な範囲でＩＣＴを活用していくことで十分といえる。

このＩＣＴ化は膨大なデータを集積したものではあっても、あくまで過去のデータの集積であって、平常時には職人技を発揮することができたとしても、異例の事態が発生した時には十分な対応が難しいと同時に、職人技をＩＣＴ化することによって農業者のほうも、これまで持っていた技術や観察能力等を機械に代替させることによって能力が大幅に低下し、対応能力を喪失させてしまうことが懸念される。さらにはＡＩ（人工知能）化も含めて、農的社会ではむしろＩＣＴによってコントロールされない世界に学び、体験し、楽しんでいくことを重視するものであり、ＩＣＴ化が進むほどにＩＣＴ化されていない世界が貴重となり、これを大事にしていくことが求められる。

再生産可能な所得確保の仕組みを

国民にとって望ましい農業は、産業としての農業だけでなく、農、農の世界を含めた広義の農業と

して展開していくものであり、食料の生産、食料の安全保障を踏まえると同時に、農、農の世界が維持され、また都市住民の農の世界への参画をも可能にする農業としていくことが期待されている。この基本となるのが家族農業であり、この家族農業の持つ力を地域農業として展開していくことが必要であるとともに、家族農業の後継者不足等の問題に対応して外部からの新規就農者の確保のため、あるいは農業経営を強化していくために法人化が必要であること等について述べてきた。しかも農業の持続性、社会さらには地球の持続性確保のために、こうした家族農業を重視する流れを国連はつくりだし、世界に広げようとしている。

しかしながら、もはや自給経済ではなく、貿易の自由化によって、食料自給率38％が象徴するように、輸入農産物がずいぶんと浸透する中で、市場原理に立っての大規模化、効率化によって日本農業を守っていくことは不可能であり、一定程度の政策支援が前提されなければならないことは先に述べたとおりである。これまで日本農業がモデルとしてきたＥＵはもちろんのこと、アメリカですら手厚い支援が行われており、一部の農業大国を除けば、もはや支援なくして農業が成り立ちえない状況に置かれているといっても過言ではない。農業経営の効率化を進めコスト低減に努めていくことは当然であるとしても、安心して農業にいそしむことができるとともに、農業をすることに喜びがともなうような支援措置を講じていくことが必要である。

わが国における所得確保・増大のための主となる支援は、これまでの経営所得安定制度に代わって、この２０１９年１月から開始される収入保険制度である。これは自然災害による収量減少に加えて、価格低下など農業者の経営努力では避けられない収入減少を保証するものである。米、畑作物、野菜、果樹、花、タバコ、茶、ハチミツなど、ほとんどの農産物を対象に、農業者ごとに、保険期間の収入が基準収入の9割を下回った場合に、下回った額の9割が補填される。基準収入は過去5年間の平均収入を基本とし、規模拡大など、保険期間の営農計画も考慮して設定されるとしている。これは「掛け捨ての保険方式」と「掛け捨てとならない積み立て方式」の組み合わせで補填されるが、保険料については50%、積立金については75%の国庫補助が行われることになっている。

この収入保険制度の最大の問題は、過去5年間の平均収入を基準にして、収入がこれに達しない差額分に対して補填されるところにあり、あくまで平均収入が基準となっているところにある。輸入農産物の増加にともない農産物価格が低下することが懸念され、現に農業総生産額は1984年をピークに長期低落傾向を続けており、2016年度は16年ぶりに9兆円を回復したとはいえ、ピーク時の78・5%にすぎないことを考えれば、収入のある程度の安定化ははかれるものの、農業経営の安定化を保証するものとはなっていない。

17年度まで行われてきた経営所得安定対策は、民主党から自民党へ政権交代した13年に、民主党政権下で10年から導入された農業者戸別所得補償制度を名称変更するとともに、5年経過後の廃止を前提に、補償金額を半額に圧縮したものである。農業者戸別所得補償制度は、食料自給率目標を前提に、都道府県および市町村が策定した生産数量目標に即して主要農産物（米、麦、大豆など）生産を行った販売業者（集落営農を含む）に対して、生産に要する費用（全国平均）と販売価格（全国平均）との差額を基本とする交付金を支給するものであった。と同時に本制度に加入するすべての稲作農家には、米価水準にかかわらず、全国一律の定額補償が10ａ当たり、1万5000円支払われた。

この農業者戸別所得補償制度は、生産に要する費用をカバーするとともに、稲作については10ａ当たり1万5000円の定額が支払われるものである。すなわち生産コストをカバーするとともに、一定金額の所得が保証される仕組みとなっており、農産物の価格低落傾向の中にあっても再生産を可能にするものであったということができる。まさに〝岩盤〟と言われるだけの下支えとして機能しうる仕組みであり、現場での評判もいいものであったが、自民党の政権復帰と同時に、検証もなしにいきなり経営所得安定対策への移行がはかられたのはきわめて残念であった。

再生産が可能であり、一定の所得確保を可能にする仕組みとして、そこで想定される所得水準が十分なものであるかどうかはともかくとして、農業者戸別所得補償制度は評価することができる。この農業者戸別所得補償制度をぶち壊して競争原理を前提にした収入保険制度を導入するのは筋違いであって、むしろ農業者戸別所得補償制度を拡充させていくのに加えて地域政策、環境政策を積み上げていくことが求められており、これを急がなければならない情勢に日本農業は置かれているといえるのではないだろうか。

第３章

Agro-society

経済学における農業の位置をめぐって

頭を垂れるほど実った稲穂

忘れてしまった「生かされている存在」

私たちは生かされている。と同時に懸命に生きようともしている。私たちが懸命に生きようとしていること自体は貴重このうえないことであり、生きようとしているのが現実そのものでもあるが、生かされているという厳然たる事実の中にあって、生きようともがいているにすぎないのではないか。私たちは生きようとすることに一生懸命であり、それ故に生かされていることを忘れてしまっているのではないだろうか。

現代はもろもろの問題を抱えているが、その問題の根源にあるものこそが、生かされているという事実を忘れてしまっているところにあるように思われてならない。日常の暮らしはもちろんのこと、政治、経済、社会等の世界、さらには学問の世界に至るまで、あらゆる領域、すべての次元にわたって同様の病魔に襲われてしまっているのではないか。生きようとすることはきわめて大事であり、必要なことであり、決して否定できるようなものではないが、生かされていることをしっかりと踏まえてこそ、生きようとすることが生きてくるのではないか。まさに孫悟空が、お釈迦様の掌《てのひら》の上で、もがき苦しみながら独り芝居を演じているのと同様の構図の中にいるといえる。

近代化を加速させた資本主義

生きようとすることはルネ・デカルトの「われ思う。故にわれあり」に象徴される近代精神と重複するのであろう。人類の誕生とともに文明は芽出しをし、徐々に進展してきたが、近代以降、文明は急激な発展・膨張を示してきた。この人間を主人公とする近代精神はヨーロッパで生まれ、封建社会を打破し市民社会の成立をもたらすとともに、科学技術を大きく進展させることによって文明の大いなる発展をもたらした。

近代精神は身分制をはじめとする封建的諸制度や伝統・慣習が持つ弊害を取り払い、市民主体の世界へと変革していくのに必要な、基本的な認識を獲得させるのに大きな役割を果したことは間違いない。近代精神による近代化という営みを大きく進展させるカギを握ったものこそが資本主義であると考える。と同時に近代精神は合理的精神や成長信仰と一体になって、資本主義の原動力になるとともに、貨幣経済の浸透と科学技術の進展は資本主義の発展を支えてきたともいえる。

近代精神が台頭することによって、自らの力で生きていく、自立して生きていくことがエートスとなり、併行して科学技術を道具に、それこそたくさんの物を生み出し、できるだけ多くの物を所有し、消費することが豊かさであるととらえるようになってきた。近代化が資本主義の原動力となり、資本主義は近代化を梃子《てこ》に大きく発展してきたわけであるが、この資本主義はいったん動き出したら止まることができない、止まった途端に倒れるしかない自動展開作用を持つかのように見える。

人間は本来、自らの力で生きようとする性向を持った存在であり、近代以前からそうした存在ではあったが、資本主義によってこうした性向が加速度をつけて膨張してしまい、生かされていることを忘却してしまっているだけでなく、完全に人間が主人公になってしまったと錯覚しているのが現代であるといえるのではないか。

すべてにあてはまる構図

それでは逆に、自分はなぜ生かされていると感じるのか、考えるのか。それをいつも実感させてくれる一つが自らの体だ。今、人間はもっと健康でもっと長生きするために食事や運動に気を配り、カロリーや栄養に配慮した食事をするよう努めたり、アスレチックジムに通って汗を流したり、薬等を飲んだりと涙ぐましいまでの努力を払っている人も多い。

ところが人間は心臓や呼吸をはじめとして若干の動きを左右させることは可能ではあっても、基本的には勝手に心臓は動き続け、呼吸を繰り返す。体そのものの働きは自らの意思とは関係なく、死ぬまで続く。自らの意思とは関係ないところで生かされているわけで、その中で自らの意思で健康に配慮して食事を工夫したり運動しているだけというにすぎない。食事や運動に配慮し努力を重ねていくことはきわめて大事であるが、まずは自らの体を知り、体の発する声を聞いてこそ食事や運動についての努力も生きてくるというものである。自らの体の発する声を無視しての食事や運動は逆に健康を蝕《むしば》むこともしばしばである。

こうした構図は多かれ少なかれ、すべてのこと、あらゆる領域にあてはまるのではないか。産業もしかりである。工業は土地と労働力と原料があれば、どこでも生産は可能と考えられ、現に国内外を問わず経済効率の最もいいところに工場を設けて生産されるようになってきている。

しかしながら土地は物理的な土地そのものだけでなく水や空気等の環境と一体化したものであり、これら環境要因が一定程度の条件の下で維持されていることが必要となる。労働力も効率よく作業が行われるためには、衣食住をはじめとする労働者の生活環境が整備され、ある程度以上の健康な状態で働けることが必要である。原料も農産物である場合には、その生産環境や自然条件に大きく左右されることになる。工業は場所を問わず生産が可能であるように受け止められがちであるが、一定程度は環境や自然等に依存しているとともに制約を受けているのが実態といえる。

まして産業の中でも農業は、工業以上に環境や自然等に大きく左右されることになる。ところが農業でも機械化や農薬・化学肥料の使用、そしてバイオ技術、さらにはＩＣＴ化も含めて工程管理された工業的な農業が重視されるようになってきている。このように農業の世界でも科学技術を駆使することによって、自然に左右されない農業が行われようとしている。

土台となるコミュニティ、土地・自然・環境

改めて農業と農業が成立するために不可欠な要素を図式化して表したものが**図４**である。農業が成立していくためにまず欠かせないものとしてあげられるのが農作業や水等の管理を協同で行っていくためのコミュニティであり、さらにこれらのベースとして土地・自然・環境が存在していることが前

図４　農業―コミュニティ―自然の関係性

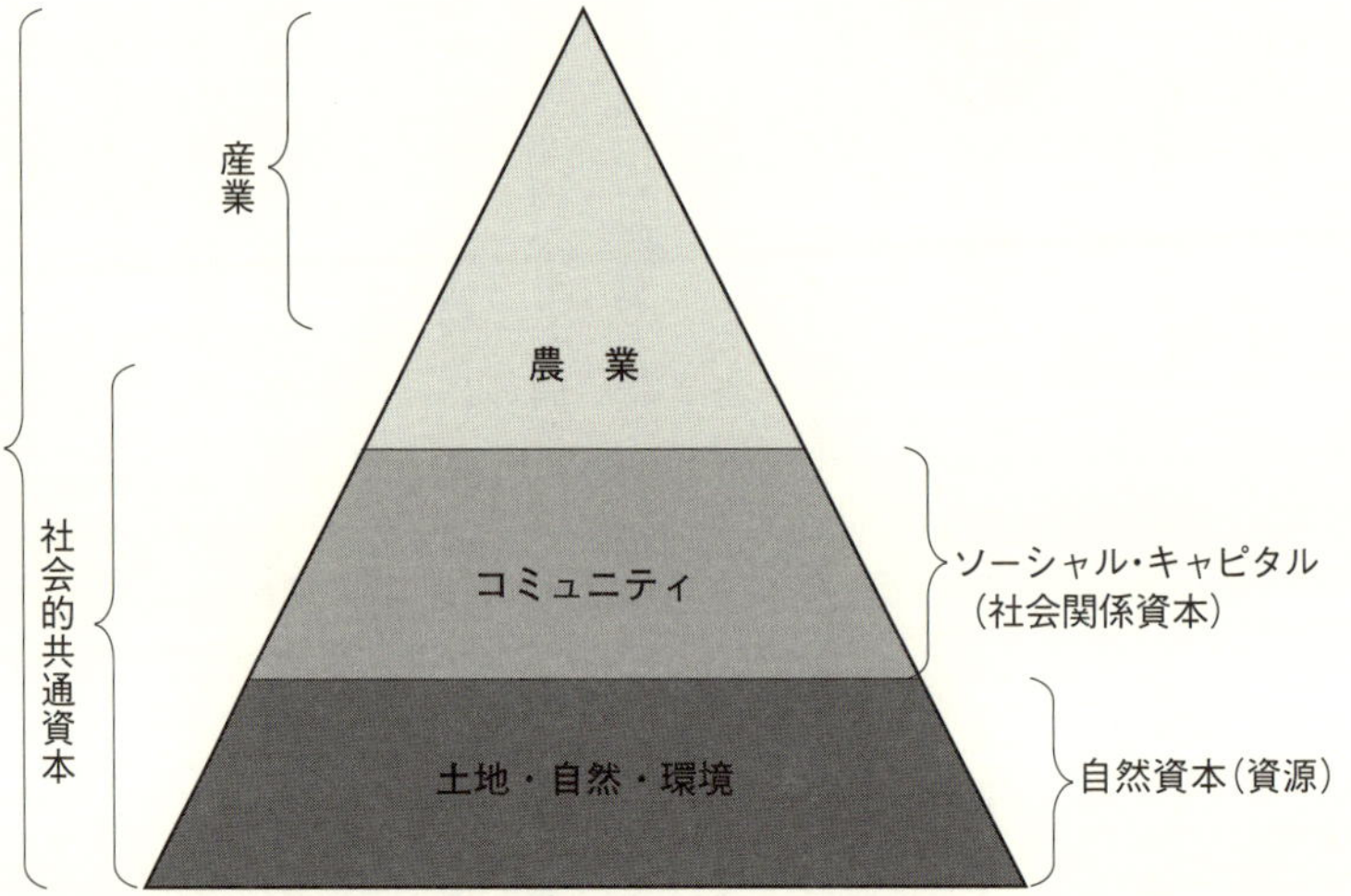

提となることを示している。まさに農業は、コミュニティ、そして土地・自然・環境があって初めて成り立つものである。

ここで改めて考えてみたいのであるが、今、農業といわれているのはまさに**図４**の上のほうの部分、産業としての農業を意味するにとどまっている。これに対して以前、「農業」というよりは「百姓仕事」といわれていた時代の農業は、直接的な農作業ばかりでなく、畦の草刈り、水の管理、田畑の見回り等の周辺作業、さらには集落での寄合等も含むものであった。

こうした百姓仕事は特別に頭で考えてやるようなものではなく、農家にとっては体に染みついたごくあたりまえの活動であり、日常生活の中に溶け込んでいた。これは一方で多大の労働負荷を課すものであったことを忘れるわけにはいかない。

百姓仕事は外部から評価されることもなく、あたりまえの生業として連綿として積み重ねられてきた。それが効率化の追求が至上命題になるとともに、担い手の減少も加わって、所得には結びつかない周辺作業を必要最小限にとどめるようになってきた。すなわち百姓仕事を広義の農業とすれば、農業は農作業に特化した狭義の農業へとシフトし、農業の質は大きく変化してきた。このようにしてコミュニティは希薄化し、土地・自然・環境は軽視されるようになり、逆に循環や持続性を喪失するという結果を招いてきた。

　百姓仕事であるが故に守られてきた農業の基盤となるコミュニティ、そして土地・自然・環境が、産業としての農業、近代化された農業へと〝発展〟するほどに、これらの脆弱《ぜいじゃく》化を招いてきたのが近代以降の歴史でもある。機械化や農薬・化学肥料の使用をはじめとする科学技術進展の成果を大々的に取り込むことによって、土地・自然・環境の制約から自由になろうとするほどに、生物多様性の減少や殺風景化する田園の景観が象徴するように、肝心の循環と持続性を失ってきたのである。

　農業は土地・自然・環境と一体化した産業であり、土地・自然・環境という条件を無視することは難しく、人間の意のままにならない不合理な要素を多く抱えた産業であるということができる。その農業の世界ですらも、このコミュニティや土地・自然・環境を軽視する流れが強まっているのが現実であり、まして工業をはじめとする他の産業や分野においてをや、というように理解されるのである。

政治をリードする暴走した経済学

今、置かれている状況の下で求められているのは、効率性をさらに高めて、より物質的な豊かさや便利さを求め、そしてそれらを得るための所得の増加などではなく、安心して暮らしていける持続的な経済であり社会なのではないか。ところが自民党はもちろんのこと、野党の大半も経済成長、所得増大を基本方針に掲げており、国民の多くはこれを支持する結果となっている。またこうした傾向は多くの先進国に共通しており、経済成長とともに、そのための国際競争力の強化に躍起となっており、口では国際協調の重要性を強調してはいるものの、「今だけ、カネだけ、自分だけ」の自国中心主義に邁進《まいしん》しているのが現実である。

こうした成長主義を支える基軸となってきたのが経済学である。経済学者の佐伯啓思は『経済学の犯罪』の中で、「一九八〇年代に、市場競争中心の経済学は、あたかも客観的で普遍的な『科学』の装いを強めていった。同時に、七〇年代のあの多様な『学派』はほとんど消えていってしまった。最後にはケインズ主義も失墜していったのである」（佐伯１２７頁）と述べている。

こうした市場中心主義の新古典派経済学が突出することになった理由を、佐伯は新古典派経済学が徹底的に「合理的な科学」であろうとしたところに求めようとしている。「合理的行動、その結果として生じる市場のパフォーマンスは、基本的に数学的に表現できる。知識を『形式化』できるのである。とすれば、これほど客観的で普遍的な理論がほかにあろうか、というわけだ」（同127頁）としている。まさに合理性をもとにした行動によって人間が主役となってすべてをコントロールしていくことが可能だという経済学が世界を席巻している状況にあるといえる。

新古典派経済学も学問・科学である以上、論理を突き詰めモデル化していくことは当然であり重要ではある。ここでの大きな問題は新古典派経済学の一学派であるとともに、経済学自体が社会科学の一分野にとどまるにもかかわらず、新古典派経済学が他の学派、他の分野の学問・科学を押しのけて、最優先しかも直《じか》に全面的に現実に適用されつつあるところにある。数値化できないものには価値を認めず、知識を「形式化」して妥当させていく。もはや経済学の一学派としての理論などというものではなく、科学を逸脱して、まさにイデオロギーと化してしまっているといっても過言ではなかろう。こうした誤謬を招いた原因は新古典派経済学だけにとどまらず、経済学全般の中にそうした性向が宿っているのではなかろうか。

この誤謬を解いていくためには、経済学の中で農業がどのように位置づけられているのか、経済学が農業さらには自然といかなる関係にあると考えているのか、について明確にしておくことが欠かせない。

農業は合理性にそぐわない要素を多く包み込んでいるが故に工業とは対極をなしているが、逆に農業に焦点を当てて考えていくことによって経済学の限界を明確にしていくことが可能になるのではないか。なお、このためには経済学の歴史的な流れをも踏まえて整理し、体系的に語っていく必要があるが、到底能力の及ぶところではないことから、自らの狭い肩幅の範囲内で語っていくこととしたい。

価値増殖の主役は太陽と土と水

ここで筆者の農業と経済学についての考え方をまず述べておきたい。先の**図4**（94頁）を改めてご覧いただきたいが、農業を構成する要素は三つに大別される。

産業としての農業、農作業として行われる狭義の農業を支えているのがコミュニティである。しばらく前までは村落共同体としてコミュニティが存在していた。機械化の進行によって田植え等での共同作業はすっかり減少してしまったが、依然として水路や農道の管理、畦の草刈り等は共同での作業が基本であり、こうした作業を共同で行うについてのルールが設けられている。集落レベルでは、こうした農作業の直接的なことだけにとどまらず生活・暮らしの全般について相互に扶助していけるよう紐帯《ちゅうたい》を維持していくための寄合やお祭り等も行われている。そして基盤には土地・自然・環境が存在しており、これらが三層構造ではありながら一体となって百姓仕事として広義の農業が維持されてきた。

農業によって農産物は生産され、一部はこれを加工し、卸売市場やスーパー等を経由して消費者に販売されることによって農産物は消費されるとともに、農産物の持つ価値も実現されることになる。

ここでポイントにしたいのが、どこで農産物の価値は形成されるのかということである。土地・農地があって、ここに労働力として農家が種まきをはじめとする農作業を行うことによって価値は形成されるように見える。農家の労働によって価値は形成され、増殖されるのはそのとおりであるが、それは一部にすぎないのではないか。まかれた種が芽を出し、生長していくためには土と水、そして太陽の光が欠かせない。むしろ種を農産物として出荷できるまでに生長させ大きくしてくれているのは太陽と土と水ではないか。逆に農家が行う作業は、太陽と土と水の働きにちょっと手を加えて補助しているだけにすぎないのではないか。

価値を形成しているのは農家であり労働者であると考えているが、あくまで価値を形成してくれる主役は太陽と土と水なのであって、農家による労働は価値の形成ということでは副次的な役割を果たしているにすぎない。むしろ農産物は太陽と土と水、言いかえれば土地・自然・環境からの〝恵み〟なのであり、この恵みをいただくために農家はささやかに労働を加えているにすぎない。基本的には人間はこの恵みによって生かされているのであって、だからこそこの恵みに感謝するとともに、自然・宇宙の持つ力の偉大さと人間の持つ能力の小ささをわきまえ知るべきであると考える。

これは農業はもとより、林業や漁業の第一次産業に該当するだけでなく、工業をも含むすべての領域・分野にも多かれ少なかれという以上に、本質的に該当するのではないか。これは経済学の中の価値論あるいは価値増殖論の範疇《はんちゅう》に属するものであるが、ここが出発点として押さえておくべき鼎《かなえ》になる。

唯一富を生産する農業――フランソワ・ケネー

そこで重農学派以降の流れを見ておくこととしたいが、重農学派が活躍したのは、産業革命以前の重商主義が盛んだった時代となる。その中心として知られるのがフランソワ・ケネーである。ケネーは１６９４年にフランスに生まれ、医師であるとともに経済学者であった。宮廷医師として活躍しながら50歳代で経済学の研究を志したとされるが、経済学の父とされる１７２３年イギリスのスコットランド生まれのアダム・スミスよりも30年弱早く、１８１８年にプロイセンで生まれたマルクスより１２０年以上も前の時代の人となる。

ケネーが経済学者として活躍した時代のフランスは、ブルボン王朝が行き詰まり、財政危機だけでなく社会経済全般にわたる危機に直面していた。宮廷の医師を務める中で、こうした危機を目の当たりにして経済学へと傾斜を強めていったのである。

重商主義は、15世紀末に新大陸が発見され、16世紀から17世紀にかけて新大陸から略奪した金銀をもってアジアの物産を大量に入手することによってヨーロッパの宮廷文化を軸にして生み出された経済発展を背景としている。まさに大航海、すなわちグローバル化によって、宮廷をはじめとする上流階級が、陶器、お茶、香辛料、綿花等のアジアの嗜好品を求めての「消費革命」の時代でもあった。重商主義は商業によって膨大な貿易差額の獲得をはかっていたことから、富の増殖は交換の過程から起こると考えた。

これに対しケネーは、鋭い観察眼と統計分析をもって社会経済を解析し、農業生産の持つ重要性を強調した。農民が国民の圧倒的多数を占める中、疲弊している農業部門を自立させることが不可欠であり、農業を先行的に発展させることが、工業や商業の自立を、さらには国内経済の自立をも可能にすると考えた。『経済表』では、ジグザグ表を使って、生産階級と不生産階級間の流通と、これら生産部門内部の循環をつうじて、再生産過程の分析を行っている。その結果、「地主階級（貴族と僧職）は農業と工業のサービスを得るが、土地を農民に賃貸することは別として何も生産することなく、職人は自分が生産したものと同じだけのものを農業と他の職人に支払い、唯一農民だけが、生産費を補充し、地主階級と職人達に供給した後で純利益を保有」することになるとしている。そして職人と農民の仕事の間には違いがあるとして、「工業製品の価格は、再生産の費用で決定する。競争は高目の価格をこの『自然な』基準に平準化するだろう。農産物価格は再生産の価格を超えているので、他の部門が単に再生産的であるのに対して、唯一農業だけが富を生産する」と述べている。

そして「農業王国の経済統治の一般準則とそれら準則に関する注」の中の第Ⅲ準則では、「主権者と国民は、土地が富の唯一の源泉であり、富を増殖させるのは農業であることを、けっして忘れないこと。なぜなら富の増加は、人口の増加を保証するからである。人間と富が農業を繁栄させ、交易を拡張し、工業を活気づけ、そして富を増加させ永続させるのである。こうした豊かな源泉にこそ、王国のあらゆる部分の成功が依存している」（ケネー220頁）と述べている。このようにケネーを中心とする重農主義の人たちは、富の増殖は交換、貨幣によって起こるとする重商主義に対して、富は大地から発生する、「大地にたいして人間が労働をおこなうことによって、大地は豊かな恵みを人間に贈与してくれる、しかも無償の贈与をあたえてくれる」と考えた。

ただし、ここで留意を要するのは、当時は小農法が中心であると同時に、耕作されずに放置された農地が多く、このため農業の自立は小農法によるのではなく、フランス北部を中心に広がりつつあった三圃制による大農法による「農業革命」をイメージしたものであったということであり、必ずしも小農法の復活・強化を意図したものではないというのが実情であった。

「自然の秩序」から農業重視――アダム・スミス

次に取り上げておきたいのがアダム・スミスである。先にも触れたようにアダム・スミスはケネーよりも30年弱後の1723年にイギリスのスコットランドで生を受けている。18世紀は政治の民主化、技術革新、経済の発展等による「啓蒙の世紀」と言われるが、イギリスで産業革命が起こったのは18世紀半ばから19世紀にかけてとされている。確かに産業革命はイギリスに端を発しているが、むしろ当時、豊かで広大な農地を抱え、華やかな宮廷文化を誇っていたのはフランスであった。ところがイギリスはフランスと違って植民地を有しており、これが産業革命の先陣を切るのに必要な市場と原料供給地の確保を可能にしたとされる。こうした状況を背景に、重商主義は「保護や独占といった人為的政策」によってグローバル化を推し進めようとしており、アダム・スミスは重商主義批判をその主張の基調としていた。

アダム・スミスは「労働こそが富である」ことを命題とし、「分業」によって労働の生産性を上げるとともに、分散された生産要素や生産物を自由な「市場」を形成していくことによって、労働が本当の富を生み出すことになるとした。すなわち国内で労働生産性の向上と生産物の増大をはかろうとしたのであり、これは人為的な政策に依拠し〝見えざる手〟に従っていない重商主義への批判と一体化したものでもあった。

アダム・スミスは、一国の「富」の基盤を、貿易差額という不安定なものの上に置く「人為的なもの」（経済）ではなく、「事物の自然の秩序」によるべきであるとした。すなわち「事物の自然的運行によれば、あらゆる発展的な社会の資本の大部分は、まず第一に農業にふりむけられ、つぎに製造業にふりむけられ、そして最後に外国商業にふりむけられる。事物のこの順序は、ひじょうに自然である」（『国富論』第3編）と語っている。

産業革命の初期段階の中にあって、アダム・スミスは主著である『道徳感情論』を1759年に、『国富論』を1776年に発行しているが、ともすれば『国富論』で、「見えざる手」によって、個人の利益追求行動は社会全体の経済的利益につながるとして、政府による市場の規制を撤廃して競争を促進させるべきと説いているものと理解する向きが多かった。しかしながらこの前段となる『道徳感情論』によって、「社会の秩序と繁栄をもたらすものは、「徳への道」の追求と矛盾しない「財産への道」の追求、言いかえれば、正義の感覚によって制御された野心と競争だけである」ことが前提されていると理解すべきなのであろう。アダム・スミスはあくまで「事物の自然の秩序」を基本に置き、国内経済の循環と自立を前提に経済の見直しをはかっていくためには、まず基盤となる農業の発展が最優先されるべきであるとしたのである。ただし、農業は重要であるとはしながらも、過度な農業保護は事物自然の秩序に反するとして重農主義を批判していることにも留意しておくことが必要であろう。

方法論的に除外した農業――カール・マルクス

このようにアダム・スミスは、労働が富の源泉であるとともに、農業は産業の基盤であるとして、大土地貴族に代わって台頭してきた商業や金融の新興資本が唱える重商主義による金融、グローバル化を重視する流れを痛烈に批判した。それでは産業革命が進行し、資本主義が進展する時代にあって、『資本論』（第1巻が発行されたのは１８６７年）を世に問うたカール・マルクスは、農業をどう理解し経済学の中でどのように位置づけたのであろうか。

まずマルクスの経済学の要点を確認しておけば、アダム・スミスやリカードの古典派経済学の、商品の価値はその生産に費やされた労働の量によって決まるとする労働価値説を継承した。マルクスの偉大な功績とされるのは、これに加えて、労働によって価値を生み出す能力としての「労働力」なる概念を導入し、労働者はこの労働力を売って賃金を確保することになるが、資本家は賃金部分を越えて労働者を働かせることによって価値を増殖させ、これを利潤として獲得することになるとする剰余価値説を生み出したことである。すなわち価値の増殖をもたらすものこそ労働力の再生産を可能とする賃金部分を越えて働いた部分、いわゆる剰余労働によってもたらされることをつきとめた。そして『資本論』のサブタイトルを「経済学批判」としているように、古典派経済学が資本主義社会を、あたかも普遍的な社会体制であるかのように前提していることを批判し、資本主義が高度に発展することによって共産主義社会が到来する必然性を説いた。改めて言うまでもないが、このマルクスの経済学は20世紀以降の国際政治や思想にきわめて大きな影響を与えることになった。

そのマルクスが農業を経済学の中でどのように位置づけたのかについては、村岡到による「自然・農業と社会主義」なる論考がある。この中で、「いささか古いが１９６６年に刊行された『資本論辞典』（青木書店）には、何と『農業』という項目が立てられていない（「農業革命」「農業恐慌はある」）！　つまり『資本論』を理解する――ということは資本制経済を理解すると同義だと思われている――うえで「農業」は必要ないということである」。これに続いて「この辞典（著者注：資本論辞典）はマルクス主義経済学者の集団的成果であるが、さらに驚くのは近代経済学をも合わせた大部の『経済学辞典』（岩波書店、１９７９年）にも「農業」という項目がない。正確に言えば、『農家経済』や『農業の資本主義化』や『農業（各国）』という項目はあり、各国の農業の特徴についての説明はあるが、『農業』を他の項目のように抽象的に定義づけてはいない。これは偶然ではない」（村岡

いる。

な経済学的位置づけを与えられてこなかったのが実情であり、そこにはそれ相応の理由があるとしている。

その理由について村岡は別途論考「『資本論』と農業」の中で、「マルクスは『社会』、あるいは『近代社会』を問題にしたのではなく、『〈資本制的生産様式が支配している〉社会』を問題にした。別言すれば、〈資本制的生産様式が支配していない〉『社会』は視野の外に除外されるということを意味している。」（村岡２　１９１頁）これに関係してさらに「〈農業〉はその本質――生命有機体の生産――に基礎をおいて、「資本制的生産様式が支配しているとは言い切れない営為である。マルクスはこの点をはっきり認識できなかったようであり、やがて農業も「資本制的生産様式が支配している」ものになっていくと考えていたふしもあるが、『資本制的生産様式が支配している社会』に視野を限定するのだから、先のような特質を有する〈農業〉は分析対象から外されるのは当然であった（言及されることはある）」（村岡２　１９４～１９５頁）としている。

こうした村岡の理解に関連してマルクスがどのように農業をとらえようとしていたのか、いささか安直ながらも「Yhoo!知恵袋」を見てみると、「マルクスは農業をどの様に捉えてましたか？」の項があり、ここで記されているベストアンサーでは、まずマルクスの農業理解を示しているとする文献があげられている。一つが『経済学批判要綱』②の一節である。

「生産過程のすべてのうちで、身体が自分に必要な物質代謝を再生産するための、すなわち生理学的な意味での生活手段を作り出すための過程が、もっとも根源的な（fundamentalste）生産過程として現れるのであって、この生産過程は農業と一致し、この農業がまた同時に、工業（厳密にいえば、採取産業に属さないいっさいの産業）にたいして、直接に（綿花、亜麻等々の場合のように）あるいはそれが養う動物を介して間接に（絹、羊毛等々）その原料の大きな部分を供給するのである」。

そしてもう一つ、『資本論』Ⅲから「剰余労働一般の自然発生的な土台、すなわち、剰余労働が可能となるのになくてはならない自然条件は、ある労働時間、労働日の全部を呑みつくしはしない労働時間を使用すれば必要な生活維持手段を自然が土地の生産物である植物的または植物的生産においてであれ――与えてくれるということである。農業労働（ここでは簡単にするために、採集・狩猟・漁労・畜産労働を含む）のこの自然発生的生産性は、いっさいの剰余労働の土台である。いっさいの労働は、なによりもまずかつ本源的に（Zunächst und uruspringlich）、食糧の取得および生産に向けられるからである」をあげている。こうした記述を引用しながら、ベストアンサーは「（マルクスは）農業を他の諸産業の基礎となるもの、不可欠な前提と捉えて」いると同時に、「農業がなければ他の産業はありえないという意味で、農業を極めて重要なものと考えていたことは間違い」ないとしている。

これは村岡が、マルクスは「〈農業〉はその本質――生命有機体の生産――に基礎をおいて、『資本制的生産様式が支配している』ものになっていくと考えていたふしもある」としているところを具体的に解説していることにはなる。しかしながらマルクスの農業の重要性についての認識の程度はさておいて、「「資本制的生産様式が支配している社会」に視野を限定」する中で農業が実質的に排除されることになったと見る理解の仕方は妥当であると受け止められる。

マルクスは農業の持つ価値を認めながらも、あえて農業を対象から外すことで経済学としての体系的整理をはかろうとしたのではないか。学問に対する厳格な姿勢を貫こうとしたが故に、農業の重要性を認識はしながらも、結果として農業の軽視を招くことになったのではないか。日本農業が存続の危機にさらされているという現実に直面する中、改めて農業と経済学の関係・距離・位置づけが問われなければならない事態にさしかかっているといえる。

原理論の中に農業を位置づけ——宇野弘蔵

ここで想起されるのが、原理論—段階論——現状分析のいわゆる「三段階論」で知られる宇野弘蔵である。三段階論は戦前にはなばなしく繰り広げられた「『資本論』をもって直ちに解決しようとした現状分析の欠陥」について講座派と労農派に分かれての、いわゆる日本資本主義論争に対して提示されたものである。宇野はこの問題にどのように向き合ったのであろうか。

村岡到は「『資本論』と農業」の中でやはり宇野を取り上げ、節を設けて「宇野弘蔵における農業の位置づけ」について語っている。宇野の「世界経済論の方法と目標」によりながら、基本的には「農業自身は、資本主義的経営にとって決して適合した地盤をなすものではなかった。農業と工業との対立は、資本主義にとっては解決し得ない難問をなしている」との認識を強調しながらも、「勿論『資本論』のような原理論では、農業もまた完全に資本主義的に経営されるものとして、資本家的原理を明らかにする方法を採らざるを得ないのである」（村岡2　195～196頁）との記述を紹介している。

言いかえれば宇野も「資本主義みずからが解決し得ないままに、そのいわば外部に押しやってきただけに、資本主義自身の矛盾をもっとも深刻に包含している」との認識を持ちつつ、経済学的には「〝完全に資本主義的に経営されるものとして〟扱う」しかないと整理していたとしている。マルクスは経済学的厳密さから農業を排除して整理することになったのに対して、宇野は経済学的には農業について原理論の中で「完全に資本主義的に経営されるものとして」整理すべきものとしてとらえて理解している。

ここで改めて宇野の『農業問題序説』によって経済学が農業のどこに基本的な問題意識を置いているのかを確認しておこう。「資本主義にとって農業はいわば苦手である。制限せられ、独占されうる物でありながら、労働生産物ではなく、したがってまた資本の形態をもとりえない、土地を主要生産手段とするという根本的な点で、そうであるばかりでなく、そういう自然を主要生産手段とするということに付随する、生産過程の特殊性が、資本家的経営に種々なる障害をなすのである。……土地を主要生産手段として自然力を利用する限り、資本家的経営に不適当なる要因を免れることはできない。資本主義的生産様式のいわば無機的合理性に対して有機的非合理性を脱することをえない」（宇野181頁）のが農業であるとしている。農業は「有機的非合理性」を本質とするものであり、「無機的合理性」に還元していくことには限界があることから、農業を資本主義的生産様式の中に全面的に取り込んでいくことは不可能だとする。したがって農業は「資本主義社会にあって、その商品経済に支配せられながら、農業自身は資本主義的経営をなしえないという点にある。言い換えれば資本主義的に解決しえないということに問題がある」（前同194頁）としている。こうしたとらえ方がマルクス経済学でいう農業問題の核心を示しているといえる。

そもそも「一般に資本主義の発展は、直接の生産者の生産手段からの自由と共に、封建的な人身的隷属関係からの自由という、マルクスのいわゆる二重の自由を前提とする」（前同188頁）のであるが、封建的諸関係を廃棄して土地所有の近代的私有制を確立しながらも、農民の無産者化が実現したのではなかった。商品経済の発展とともに農民層の階層分化が進み、資本家的経営とともに小農経営が存続することになった。この小農経営こそがまさに農業問題を象徴していることになる。

これに関連して都市と農村の問題に触れておきたい。工業は農村において農業と自然的に結合されていたものが分離して発展してきたものであり、工業が都市において資本主義的発展を遂げてきたのに対して、資本主義的経営としては不適当な産業である農業は農村に残されてきた。都市と農村は空間的に分断されてきたが、資本家的商品経済が浸透していったかどうかが、この分断をもたらしたのであった。

このようにマルクス経済学では資本主義的生産様式が貫徹しているかどうか、貫徹していないのであればその理由・原因は何かが問われてきたと見ることができる。したがってそこでは有機的非合理性を持つ農業や農村に対して、「実際上は決して資本主義に農業問題を解決し得る力はなかった」と認識すると同時に、経済学的には農業を「完全に資本主義的に経営されるものとして」原理論の中に位置づけながらも、段階論、現状分析なくしては農業問題へのアプローチは難しいとした。

日本農業消滅は歴史の流れ――吉本隆明

こうした宇野弘蔵の、経済学的には農業を「完全に資本主義的に経営されるものとして」原理論の中に位置づけながらも、段階論、現状分析によるアプローチを必要とするとの整理に対して、昨今の流れは、前段での認識の整理は欠落したままで、原理論があたかもすべてに貫徹し、「完全に資本主義的に経営されるものとして」しか農業を見ることはできないものが多数を占めるようになってきている。規制改革推進会議等に典型的に見られるように、農業においても経済合理性ですべてを割り切るべき、との風潮は強い。これは資本主義的な経営を日本に徹底させることによって日本農業の生き残りをはかろうとするもので、生産性の向上と規模拡大を抜きにしては日本農業が生き残る可能性はないとする。

これに対して宇野の「資本主義に農業問題を解決し得る力はなかった」と同様の考え方を徹底させて農業問題を論じているといえるのが思想家であり詩人でもある吉本隆明である。農業問題は都市問題でもあるというのが吉本の基本認識である。「手工業と農業を同一の人が同一場面でやれたときには、農業問題はなかったのです。問題が起きたのは、分業が起きて、農村と都市とが利害相反するようになったからです。……専門が分化してしまったことが、農村問題を歴史的に発生させたもとです」（吉本1　38~39頁）。

吉本は「農村の終焉――〈高度〉資本主義の課題」と題する講演の中で、農業問題は都市問題と切り離して考えることはできないことを強調しつつ、農業の現状や生産構造の変化についての分析を紹介しており、これを踏まえて「自然史の流れとしての経済史は、必然的にしか推移しない。これを遅くするか早くするかという問題だけが人為的な問題、つまり政策の問題だったり、やり方の問題だったり、というのがマルクスの基本的な観点です」（吉本64頁）としている。

この講演が行われたのは1987年であるが、当時のマスコミの状況を反映して、「竹村（著者注：健一）さんの論議も大前（同：研一）さんの論議もおもしろいとおもいます。エコロジストたちの論議も、ぼくは反対ですけど、おもしろいところがあります。……僕が勧める唯一のことがあれば、両方の論議に加わらないほうがいい……このどちらかの論議の中に、農業や農村の未来があるなんてことは絶対ありえない」（同74頁）としている。この講演の実質の結論部としては「きょうお話して、最小限で云えることは、どちらの論議にも加担しないでください、加担しないで冷静に客観的に考えて、何が日本の農業、日本の農村の利益なのか、あるいは自分の利益なのかをかんがえたうえでやってください」（同99頁）と述べるにとどまっている。

別途１９８９年に行われた講演「日本農業論」では、マルクスやエンゲルスの土地の国有化や国民的管理の下における共同大規模耕作についての考えを披瀝し、ソ連の農業の実態について触れたうえで、「ぼくの理想でいえば、小さな自立農が階層的な格差もなく並びたっていて、自分たちの利益が促進されるかぎりにおいての共有関係を部分的につくり上げていく、そういう考え方をとります。それが日本の農業における理想です」（吉本２　１２８頁）と語っている。ところがすぐこれに続いて「この問題については、もし農業社会を理想的社会だとかんがえる考え方が正しいとすれば、もっと早くそのことに気づかなければならなかったはずですが、すでにその問題は過ぎてしまいました。日本の農業というのは、その段階を過ぎてしまったのです。つまりたくさんの自立的農家が並びたって、国家的・国民的な規模で食料の自給や貯蔵ができ、充分安い農産物を消費者に提供できる、という時代はすでに過ぎてしまいました」（同１２９頁）と述べる。すなわち日本農業の縮小はもはや避けられない必然であり、日本農業の縮小は自然史の流れであると断じている。遅いか早いかだけの違いで、日本農業はいずれ消滅するのが歴史の流れにつき、安楽死させるため政策によって多少なりとも時間をかせいでいくしかない、というのが吉本の結論でもある。

市場中心主義の是非——近代経済学

アダム・スミスやリカードによる古典派経済学は、マルクス経済学への流れをつくってきたが、これに対して1870年代の初頭に、C・メンガー、M・ワルラス等によって唱えられた限界効用学説が近代経済学の基礎とされる。すなわちある財を1単位追加して消費することによってどれだけの効用（満足）が増加するかという限界効用という概念を持ち込むことによって、経済現象の把握から、その現象の背後に潜む経済主体の行動分析にまで深化させるとともに、部分分析から一般均衡の分析を行うことによって理論の一般化をはかったもので、限界革命と呼ばれた。

その後、1930年代にケインズによって市場の自動調整作用を否定して国家の介入が正当化され、このため巨視的分析という新たな分析方法が確立されることによって、不況克服の経済学となって政治に大きな影響をもたらすようになった。しかしながら時代の変化とともに財政政策に重きを置くケインズ政策を批判する流れは強くなり、またいくつもの流派に分かれることになるが、中でも自由な市場競争を重視する新古典派経済学が特に強い影響力を持つようになったというのが現状である。この市場中心の経済学について、先述の佐伯啓思は次の三つの前提で整理することができるとしている。

①経済主体は与えられた情報を使って合理的に行動する。

②経済の目的は人びとに物的満足を与えることで、貨幣は補助的役割しか果たさない。

③人々の消費意欲は無限にあり、経済問題とは希少な資源の適切な配分にある。

こうした佐伯の整理も含めて近代経済学は大きく二つの特徴を持っているということができる。一つは数学的モデルによる数量分析を多用しており、数学や統計理論を駆使しての実証分析が大きな比重を占めていることである。もう一つが記述的に資本主義を分析するマルクス経済学が資本主義という枠組みそのものの是非を問うことが多いのに対して、近代経済学は資本主義を前提にして理論構築がなされることによって、その是非なり価値判断には立ち入らない傾向が強いといえる。

『森と海を結ぶ菜園家族』等の著作をつうじて、週幾日かの勤務によって応分の安定収入を確保すると同時に、週休日には「菜園」での栽培も含めた自家の生産活動や家業に勤しむ、週休（2＋α）日制のワークシェアリングによって、「人間らしい豊かな創造活動」に携わるとともに、三世代同居・近居と資本主義セクターC、家族小経営セクターF、公共的セクターPによるCFP複合社会の形成を提唱している小貫雅男・伊藤恵子は、市場中心の経済学について端的に次のように評している。

「（近代経済学は）マルクス経済学とは異なり、人類史的長期展望に立った歴史観の欠如を特徴としている。したがって、資本主義経済を所与のものとして捉え、その本質を問わず、その下での原因結果の〝精密科学〟を志向しようとするために、部分に埋没して総体を見失い、今日の体制を無批判的に受け入れるという致命的な弱点を持っている。そしてそれは、金融および財政の枠内での分析手法とあれこれの処方操作に特化した、実に狭隘な市場経済論に収斂して行かざるを得ない宿命を背負わされている。その結果、極端なまでの『経済の金融化』を許し、それを増長させてきたこれら近代経済学の根底に流れる思想は、プラグマティズムの思想とも言うべきものであり、人間欲望の絶対的肯定である。これに深く根ざしたこの経済論は、結果的には人間の欲望を無限に肥大化させ、人間精神をことごとく荒廃へと導き、果てには世界を紛争と戦乱の液状化へと陥《おとしい》れていく震源地にほかならない。このことは、今日の世界の現実を直視さえすれば頷《うなず》けるはずだ」（小貫・伊藤56頁）と厳しく糾弾している。

日本でもアベノミクス、さらには安倍農政は、近代経済学という以上に新古典派経済学、市場中心主義をすべての領域に徹底させようとしている。非合理性を多く含む農業もすべて数量化しての政策は、農産物自由化によって結果的に海外依存を招くだけでしかない。そもそも農業は数量化できないところを多く持つものであると同時に、そこにこそ大きな価値があることをわきまえ知るべきであり、本来、その価値を理解できないような人間が政治にかかわるようなことがあってはならないのである。

経済学変革の試み

ここまでケネーを中心とした重農学派、アダム・スミス、そしてマルクスとこれに関連するマルクス経済学者、さらに近代経済学における農業の位置づけについて見てきた。

農業が産業のメインであったケネーや産業革命の初期に活躍したアダム・スミスが、農業は産業の基盤をなすものとして農業を重視し、循環の基礎に農業を位置づけていたことは当然であると見ることができよう。しかしながら時代は重商主義によるグローバル化と商業・交易に重きを置いており、こうした中、富の増殖は交換、貨幣によって起こるのではなく、富の唯一の源泉は大地にあるとしたケネー、あるいは重商主義は「自然の秩序」を崩す「人為的」なものであり、「自然の秩序」に戻るところから経済学の構築を試みたアダム・スミスの見識の高さ・深さには尊敬を禁じえない。

産業革命が進行し資本主義が発展する中、マルクスは労働こそが価値の増殖をはかるものであることを発見するが、マルクスの経済学の中では農業を重視しながらも農業は資本制的生産様式にはなじみにくい面が多いとして除外するかたちで論理の構築をはかったと理解される。方法論的にはもっともであると頷けるものであるが、その後の経済学の世界では、農業の全産業の中におけるウェイトの低下と相まって、農業の重要性についての認識は薄れ、農業の持つ価値は軽視されるようになってきた。

農業の重要性を認識しながらも、経済学の論理を突き詰めていけば少なくも日本の農業の存続は困難だとするのが吉本隆明であり、これに対して農業の持つ価値に特段の配慮を払うことなく、市場原理・競争原理を直接的に農業にも適用しようとするのが新自由主義を中心とする近代経済学であるということができよう。

農業の持つ価値は多様であるが、その中の食料供給機能を取り上げてみただけでも、人間の生存のためには食料は必須であり、食料安全保障の観点からも一定程度の食料自給率の確保は欠かせないところである。ところが日本農業はいずれ野垂れ死にを甘受するしかないというのが吉本隆明の議論であり、結果的に食料自給率が限りなくゼロに近づき、食料の安全保障が確保できなくなるのは必然であって、日本農業は海外からの輸入農産物によって代替されることになるのもやむをえない、自然史の流れであるということになる。新自由主義経済学も安い農産物が海外から輸入できるのであれば消費者の利益につながるとして、日本農業は必ずしも不可欠のものであるとは言えないとして同様の結論を示す。

ところでここまで見てきた経済学とは異なり、農業そのものということではないが、既往の経済学では除外されたり価値を評価されずにきたものを改めて評価し直すことによって経済学そのものの変革を試みる動きも存在してきた。そこで触れておきたいのがカール・ポランニーであり、宇沢弘文、そして岩井克人である。

経済は人間と自然との相互作用——カール・ポランニー

カール・ポランニー（1886〜1964年）はウィーン出身で、第一次大戦でオーストリア＝ハンガリー軍に従軍したのを始め、20世紀の激動の時代を生きた経済学者である。ポランニーは、「制度化された経済」という視点から、社会に「埋め込まれた経済」と社会から「離床した経済」とを対比させながら、これらを社会の中で経済過程を制度化するパターンと見なした。そのうえで「人間社会の基本構造が経済的要請に沿って編成されることを前提とする経済決定論を拒絶し、社会における経済の位置、すなわち、経済がどのような役割で機能するのかを決定づけるものは社会的・政治的・倫理的・文化的な諸制度である、と考えた」（若森220頁）。

ポランニーは経済を、①人間と自然との相互作用の過程、と②相互作用の制度化、という二つの次元からとらえている。すなわち人間は、人間と自然との間に制度化された相互作用によって生活し、自然環境と仲間たちに依存する存在である。あくまで経済は社会の中に埋め込まれたものとして理解されるべきとしている。

そこで「経済的」という言葉について二つの定義を行っている。一つが実在的な定義であり、今一つが形式的な定義である。実在的な定義としては、欲求・充足の物質的な手段の提供についての意味とされ、先にも触れたように人間とその環境との間の相互作用と、その過程の制度化の二つのレベルからなるとしている。そして経済過程の制度化は、「場所」の移動、「専有」の移動という2種類の移動から説明できるとされている。また経済過程に秩序を与え、社会を統合するパターンとして、「互酬」、「再配分」、「交換」の三つがあげられており、互酬は義務としての贈与関係や相互扶助関係、再配分は権力の中心に対する義務的支払いと中心からの払い戻し、交換は市場における財の移動だとされている。

これに対して、形式的な定義としては、希少性、あるいは最大化による合理性についての意味とされている。

こうした整理からすれば、従来の経済学では形式的な定義が重視されてきており、実在的な定義については顧みられずにきたということになる。すなわち市場経済は人間（労働）、自然（土地）、貨幣を商品と見なすことによって経済原理の一部を肥大化させ多くの人間を破局に追い込むとともに、複合的な経済の発生・成立を抑止することになった。あくまで自らの好意が他人に与える影響やその社会的結果に責任を負うとともに、社会生活の透明性を高めることによって他者や自然に対する社会的責任を負担すべきことを論じた。

こうした整理からすれば土地、自然に依拠する農業は、形式的な経済、経済原理だけに任せることは不適切であり、実在的な経済の中に位置づけて考えていくことが必要だということになる。

社会的共通資本という良識――宇沢弘文

カール・ポランニーが経済の定義そのものを問い直して経済人類学ともいわれる新たな学問領域を確立したのに対して、経済学の中に社会的共通資本という概念を導入することによって経済学の問い直しをはかったのが宇沢弘文である。

宇沢弘文については知る人も多く、改めてここで紹介する必要もなかろう。数学から経済学に転向した数理経済学者であり、アメリカで教鞭をとっていたが、ベトナムという小国を侵略する軍事大国アメリカにとどまることに対し、自責の念に駆られて日本に戻ったとされる。宇沢はシカゴ大学時代にいっしょであった新自由主義を代表する学者ミルトン・フリードマンについて、彼が銀行のデスクで1万ポンドの空売りを申し込んだものの断られたことに激怒して、「資本主義の世界では、儲けを得る機会のあるときに儲けるのが紳士の定義だ。儲ける機会があるのに儲けようとしないのは紳士とは言えない」と語ったのに対し、宇沢はこれをマネタリスト、新自由主義者の本質を象徴する話として、よく口にしていたことは有名である。

まず宇沢のいう社会的共通資本について確認しておくと、「社会的共通資本は、１つの国ないし特定の地域が、ゆたかな経済生活を営み、すぐれた文化を展開し、人間的に魅力ある社会を持続的、安定的に維持することを可能にするような自然環境、社会的装置を意味する」（宇沢45頁）としている。すなわち人間が豊かな経済生活と文化を持続的、安定的に享受していくためには、それを可能にする自然環境と社会的装置が不可欠であり、この不可欠とされる自然環境と社会的装置を社会的共通資本とするものである。

この社会的共通資本は一国、特定の地域で展開される個別具体的なものであり、かつ時代状況等によって変わりうるものとなる。そして「社会的共通資本は、たとえ私有ないしは私的管理が認められたとしても、社会全体にとって共通の財産として、社会的な基準にしたがって管理・運営される」（同45頁）としている。このように市場経済の中にありながらも、社会的共通資本については持続的、安定的に維持されていくことが大前提とされており、そこから生み出されるサービスについては公正な配分が行われることを基本とし、その運営・管理については所有のいかんにかかわらず社会的な基準に従って行われなければならないとしている。

社会的共通資本は具体的には、土地・環境・自然等の自然資本、道路や港湾、電気や上下水道、文化施設等の社会資本、そして教育、医療制度等の社会資本を制度的な側面から支える制度資本と、大きくは三つの範疇に分けられたものからなる。

こうした中で農業は、「経済的、産業的範疇としての農業をはるかに超えて、すぐれて人間的、社会的、自然的な意味を持つ」（同154頁）としており、こうした広義の農業を「農の営み」と表現している。この農の営みは、「人間が生きていくために不可欠な食料を生産し、衣と住について、その基礎的な原材料を供給し、さらに、森林、河川、湖沼、土壌のなかに生存しつづける多様な生物種を守り続けてきた」（同154頁）。この農の営みが展開される社会的な場が農村であり、農村は「自然と人間との調和的な関わり方を可能にし、文化の基礎を作り出してきた」のであって、農村も社会的共通資本を構成する重要なものであるとしている。

これに関連して宇沢が強調しているのが「コモンズ」であり、この紹介を欠かすわけにはいかない。コモンズの代表的な例として日本の森林の入会《いりあい》制をあげながら、協同的管理・作業を行う共同体を制度的資本の範疇に位置づけている。農業の分野でも灌漑制度や農耕、さらには農作物の加工・販売等も含めて協同的作業が必須であり、これを可能にする村落自体がコモンズとしての性格を有するとしている。この農村におけるコモンズが近代化にともなって消滅しつつあるが、これに対して宇沢は「日本農業の場合、農業基本法が、コモンズの制度の消滅に決定的な役割をはたした。農業基本法の中心は、自立経営農家という考え方だったからである。この考え方は、コモンズとは正反対のものだったからである」（同153頁）と述べている。これに続けて「自立経営農家の規模をどんなに大きくしても、農家経営によって工業部門と同じような利潤を生みだすことはできない」（同153頁）と語っており、無視することが許されない、きわめて大事な指摘を行っている。

資本主義が抱える本質的矛盾――岩井克人

宇沢弘文が近代経済学の流れの中で社会的共通資本の必要性、不可欠性を強調する中に農業・農村を位置づけているのに対して、岩井克人は資本主義が成立するためには非資本主義的な部分が不可欠であるとの論理を展開する。

この岩井理論の核心をなすのが不均衡動学と貨幣論である。これまでの経済学では剰余価値や効用によって利潤が生みだされると考えてきたのに対して、不均衡の存在こそが利潤の源泉になるのであり、不均衡の存在こそが経済の発展を可能にすると考える。すなわち一般の経済学では産業や企業が獲得する利潤は個別具体的なものではありながらも、その水準は次第に均衡していくもので、一般利潤率によって決定されるとされてきた。

これに対して、企業と企業の労働生産性と実質賃金率との間の差異や、生産技術や製品仕様や通信ネットワークの差異によって利潤は生みだされるとする。このように不均衡が存在するが故に利潤が発生するとすれば、「企業なら企業が、家計なら家計が全部利潤を最大化するというミクロ的なレベルで適応的な行動をしたらどうなるか。じつはその場合、経済世界においては、すべての経済主体が同時に合理的かつ利己的にじぶんの利潤や効用を追求していくと、システム全体の調和とは逆に、システム全体を自己破壊に向かわせるような不均衡累積過程を生み出してしまう」（岩井1　61頁）ことになる。

ところが「もし現実の経済がいま述べたようなかたちで不均衡累積的に崩壊せずに、曲がりなりにもある程度の安定性をもったままいままで存続してきたのは、この経済のなかのどこかに合理的な経済計算をしていない人間なり組織なり制度なりが存在しており、幸か不幸か、それらが『見えざる手』のはたらきを若干でも束縛しているからこそだという、逆説的な命題がうまれてくることになるわけ」(同61~62頁)だとしている。

また貨幣論では、「貨幣の貨幣としての価値を支える原理とは、投機市場における商品価格の動きを支配する『美人コンテスト』の原理の極限形態にほかなら」(岩井2　52~53頁)ないものであり、「貨幣においては、もはや本源的な価値など存在しないこと、いや、まさに逸脱それ自体が本源的な価値になってしまっている」(同53頁)、「貨幣をもつとは、『投機』そのものをもつことなのである」(同53頁)としている。そこでは「投機家同士が売り買いする市場のなかで、投機家同士がおたがいの行動を幾重にも予想しあう結果として、市場の価格が乱高下してしまうのである。個人の合理性の追求が社会全体の非合理性をうみだしてしまうという、社会現象に固有の『合理性のパラドックス』がここにある。そして、実際に市場で価格が乱高下しはじめると、今度は消費や生産といった実態経済が攪乱され、経済全体におおいなる不安定性をもたらすことになってしまうのである」(同32頁)。

このように貨幣を基盤とする資本主義は本質的矛盾を抱え込んでいるのであり、「市場経済の安定性を確保するためには、利潤原理によって動かされないなんらかの非市場的制度による歯止めが必要になる……つまり、ほんらい自己利益の追求が公共の利益を実現するはずの資本主義のど真んなかに、実は倫理性とでもよぶべきものがなければならない」（岩井３　２６６〜２６７頁）のであり、このため「不安定だからこそ、国家にも還元されない第三の人間活動の領域としての市民社会を必要としている。市民社会的な部分が消えてしまうと、国家も資本主義もそれ自身が本質的にかかえている不安定性、矛盾によって自己崩壊してしまうことになる。その意味で、市民社会とは、国家にも資本主義にも還元されえないことによって、まさに国家と資本主義を補完するということになる」（同２６７頁）としている。

岩井理論の中では農業についての直接的な記述はないが、本来的に「非合理性」を抱えている農業、農村は資本主義を大きく支えているものであり、資本主義にとって農業、農村は不可欠の存在であるということになるのであろう。あわせて資本主義の危機を回避していくためには協同組合なり協同活動という市民社会的な活動は絶対に不可欠であることを強調してもいる。

傾聴が必要な農本主義

こうした経済学と農業の関係とは異なるが、これに関連して触れておきたいのが「農本主義」である。農本主義については宇根豊が『農本主義のすすめ』を出しており、そのエッセンスを取り上げておきたい。

宇根はＮＰＯ農と自然の研究所の代表理事であるが、福岡県農業改良普及員をつとめるとともに、１９８９年に新規就農した農業者でもある。農業改良普及員として「減農薬運動」を提唱するとともに、「虫見板」の普及につとめ、近年は生きもの調査をはじめとする多様な活動を展開している中で、農本主義についての著作をものしている。ここではそのうちの一冊『農本主義のすすめ』によって農本主義について見ておきたい。

トルストイ、新しき村に関係する文学者等、農本主義者といって差し支えないであろう人は内外に少なからず存在してきたと考えられるが、本著では主な農本主義者として、石川三四郎（１８７６～１９５６年）、加藤完治（１８８４～１９６７年）、橘孝三郎（１８９３～１９７４年）、松田喜一（１８８７～１９６８年）、山崎延吉（１８７３～１９５４年）をはじめとして十数人があげられている。

農本主義の核心を紹介するものとして橘孝三郎の『農村学』の次のような一節が引かれている。「われわれは天然自然のあたたかきふところにおいてのみ、その生のやすらかなるふるさとを見出すことができる。「土」はじつに生命の根源である。土を亡ぼす者は一切を亡ぼす。われわれは今やまさに土に帰らねばならない。そして一切を土の安定の上に築きかえなくてはならない。土に帰れ。土に帰れ。土に帰ってそこから新たに歩みだそう。それのみが農だけでなく、都市と全国民社会を救う道である。そこからのみ資本主義社会にとって代わるべき厚生主義社会が生まれ出るのである」（宇根44～45頁）。このように農本主義は資本主義と都市を一体としてとらえるとともに、「反近代」「反資本主義」の思想として誕生したものであるとする。

こうした先達の思想・思いを整理すると、農本主義は次のような三大原理にまとめ上げられるとしている。〈第一の原理〉近代化批判・脱資本主義化という考え、〈第二の原理〉在所があって国がある、ナショナリズムよりパトリオティズムを優位に、〈第三の原理〉自然への没入こそが百姓仕事の本質だという気づき。〈第一の原理〉について解説は要しないであろうが、〈第二の原理〉は、在所すなわち村落なり地域は歴史的に国民国家の成立以前から存在していたものであり、この在所が自然豊かで美しいふるさととして残ってこそ、国家も美しく豊かである。パトリオティズム＝愛郷心があってこそナショナリズム＝愛国心も成り立つ。この関係が逆転し主客転倒しているだけでなく、このことすら忘れ果て、あるいは気づきすらしなくなってしまっている。在所を大事にするとともに愛郷心をしっかりと保っていくことの不可欠性を訴えているものである。〈第三の原理〉は農業は効率性や生産性だけでは語れない、「費用対効果」だけでは測れない豊饒な世界を含んでおり、こうした豊饒な世界にこそ、労働というよりは仕事の対象があり、やりがいを与えてくれるだけでなく、さらには生きがいにもつながるものがあるとする。

宇根は、改めて「農業論の常識を根底から揺さぶること」が必要であるとして、「農の価値は「食料生産」にあるのではなく、在所で、天地自然の下で、百姓として生きていること自体にあります。その百姓の生が社会の母体となっているのです。言葉を換えれば、「農とは天地に浮かぶ大きな舟」なのです。この舟には、百姓も百姓でない人も、生きものや風景や農産物も、祭りや国家や神も乗っています」（同11頁）と自らの言葉で語っている。

　農本主義を「反近代」「反資本主義」と規定すると、農本主義で言うところの農業を経済学の中に位置づけることは難しくなるが、農業が食料生産のみならず、多様な機能、多様かつ本質的な価値を持っていることを端的に示しており、深く耳を傾けることが必要である。

競争原理に任せてはならない経済学

　マルクスが農業を除外して経済学を構築して以降、その他産業の進展と農業の衰退にともなって農業の軽視が進み、また資本主義を前提に数量計算にもとづく政策論議に偏重してきた近代経済学、特に新自由主義経済学では規模拡大による生産性向上が強調されるばかりで小農については淘汰される対象としてしか見られてこなかったといっていい。農業の価値を認識しながらも方法論として農業を排除したマルクスの真意が引き継がれないままに経済学の精緻化が進んできたともいえる。

　こうした方法論が持つ重大な欠陥に気づき、経済の定義を見直すことによって経済学の再構築を試みたのがカール・ポランニーであり、ポランニーはこれまでの経済学を乗り超えて、真の豊かさとは何かというところまでさかのぼっての新たな経済学が成立する可能性を示したともいえる。言いかえれば経済学の前提にあるものの見方、価値観の見直しを求めていると理解することができる。

　これに対して宇沢弘文は社会的共通資本という概念を導入することによって、一般の競争原理の世界に置かれる経済と、競争原理に任せてはならない、競争原理に任せたのでは経済そのものが存立しえなくなってしまうアンタッチャブルな世界の領域を明確化した。すなわち社会的共通資本という概念を導入することによって経済を二つに区分し、一般経済を支えている不可欠であると同時にアンタッチャブルな世界、社会的共通資本を守っていくことを意図している。〝経済学の横暴〟に歯止めをかける装置を経済学の中に組み込んだということができる。言ってみれば社会的共通資本という概念を経済学の中に導入することによって農業を含む持続的な社会にとって不可欠な自然環境と社会的装置を経済学の中に位置づけ直したのが宇沢弘文であるといえる。

また岩井克人は非資本主義的なものがあってこそ資本主義は成立可能であるとして、資本主義に純化しての発展は資本主義の危機を招くものであるとしている。いずれも〝経済学の横暴〟に警鐘を鳴らし、経済学のあり方を模索しながら解を求めようとしたものであるといえる。

現状では、経済学の世界で農業に相応の価値を認め、その持続をはかっていくにあたって有力な理論を提供していると考えられるのが宇沢の社会的共通資本であるといえるが、近代経済学の中で社会的費用の増大等をつうじて社会的共通資本の不可欠性を示そうとしているものの、社会的共通資本は守りというか消極的な位置づけにとどまっており、別途な価値を導入することによってもっと積極的な位置づけが欲しいというのが正直な思いである。数量化できないものを積極的に評価していく、社会的共通資本としては十分には表現できがたいところ、言ってみれば真の豊かさとは何かというところにまでさかのぼって構築するもう一つの経済学が欲しいようにも感じる。これは土地・自然・環境を自然資本としてとらえていくところに活路が開かれているようにも思われ、言ってみれば〝恵みの経済学〟というか、贈与の経済学というようなものになるのかもしれない。

こうした整理と併行して基本的に問題とすべきなのが、経済学は経済についての科学・学問であるが、現実の社会は経済のみならず政治、文化をはじめとして多岐にわたる領域があるにもかかわらず、経済学がすべてをリードする〝経済学の横暴〟が横行し、これが「今だけ、カネだけ、自分だけ」という価値観をリードしているところにある。経済学の理論としてはいろいろとあってしかるべきであり、それぞれに精緻化させていくことは重要であるが、要は経済学は己の分をわきまえることが大事なのであろう。学者の側にも問題があろうが、むしろ経済学を受け止め、これを政策やビジネスに活用する側にも大きな問題があり、またこうした状況を批判的に受け止めることなく、逆にこれに唯々諾々として従い、多数派が正義だとする市民・国民の責任も大きいとしなければならない。

経済学を理解したうえで、その〝暴走〟を食い止め、農業の持つ食料生産にとどまらず多様で豊饒な価値、恵みに気づき、これを感謝の念をもって享受し、H氏の語る「使われて生きている」「自然がすべてを教えてくれる」「自然はウソをつかない」を実感していくためには、総合的な観点からの学びが不可欠であるとともに、それが血肉化されるためには農業への参画、体験が欠かせないということになるのではないか。

構造主義と贈与の経済学

経済学における農業の位置づけ、経済学と農業の関係についての直接的な考察は以上とするが、これに関連して農業を社会・経済・政治・歴史等とをどう関係させてとらえるのか、また農業も含めた近代化をどう受け止めるのかはきわめて重要な問題となる。農業と社会・経済等との関係について構造主義の考え方を、近代化をどう受け止めるのかについて渡辺京二を取り上げておきたい。きわめて貴重な示唆を与えている。

構造主義はクロード・レヴィ＝ストロースが１９５５年に出版した『悲しき熱帯』を口火として登場してきたもので、マルクス主義が戦後しばらくしてかげりが見えてくる中、入れ替わりに台頭してきたのが構造主義である。マルクス主義が歴史の必然性を唱えたのに対して、ジャン＝ポール・サルトルに代表される実存主義は、人間という存在はもともと不条理な、理由のないものであり、歴史に身を投じることによって歴史に参加することができるものとした。歴史に依拠する実存主義は結局はニヒリズムに陥るしかない、人間や社会のあり方を歴史抜きに直視すべきことを主張したのが構造主義である。

構造主義は歴史を否定すると同時に西欧を中心とする見方をも否定するものであった。すなわち社会は単純で原始的な段階から、次第に複雑で機能的な段階、すなわち近代に向かって進歩・発展していくものだとする考え方は否定されることになり、未開の社会であっても、近代の社会に劣らない豊かな精神世界があることを主張した。

こうした枠組みの中で贈与に着目して経済学について注目すべき論を展開しているのが中沢新一である。中沢は『愛と経済のロゴス』の中で農業について次のように触れている。「大地と自然が、みずから喜んで、人間の労働にこたえて何かを生み出しているというケースを実現しているのは、ただ農業だけなのではないでしょうか」（中沢130頁）。そして「農業の労働には、労働としてそれがどんなに苦しいものであっても、不思議な喜びの感覚がついてくることを、多くの人が証言しています。それは農業労働をおこなっていると、知らず知らずのうちに、悦楽する大地の身体と一体になっている瞬間を、体験するからなのでしょう」（同142頁）と述べている。その背景にあるのが富の増殖は交換の過程からもたらされるものではない。また交換自体が人間とモノとの間にある関係性を断ち切り、人間とモノが分離したところに作動するものであり、「交換にあっては、否定性ということを媒介にしなければ、モノの流通をとおした人間関係は生まれ」ないとともに、「労働のプロセスの中には、いつでも否定的な力が忍び込んで」（同151頁）くるとの認識がある。

そのうえでマルクスの手紙を引用しながら、「贈与的な原理で人と人、人と自然を結びつける社会のあり方は、資本主義の先にあらわれるはずのオルタナティブな社会にとって不可欠の原理であり、そこへ到達するのに、西ヨーロッパがやってきたように、贈与的な原理にもとづく社会の形態を時代遅れのものとして没落解体させることだけが唯一の道ではない、とはっきり語られています。マルクスは贈与の原理を組み込んだ、高度な産業社会は可能だと考えていたことが、この手紙からよくわかります」（同170頁）としたうえで、「二一世紀の『人間の学問』では、いまあるかたちの経済学をいまだ未知に属するこのような全体性（著者注：人間の行う行為としての「経済」の現象は、交換の原理を中心に組織されているのではなく、贈与と純粋贈与というほかの二つの原理としっかり結びあうことによってもたらされる全体性を持った運動として描かれなければならない、としている）の一部分として組み込んだ、より拡大された新しい『経済学』というものを創造していかなくてはならない」（同204頁）と述べている。

アーリイモダンという視角

また近代化についてであるが、多くの論者の中から、東京そしてアカデミズムという世界を離れて主に熊本県水俣の地で思索を深めてきた渡辺京二の近代化論に耳を傾けておきたい。

渡辺は市民革命以前の社会状態を「前近代」というあいまいな規定で一括することに対して厳しい批判を繰り返しており、そうではなく「アーリイモダン」としてとらえ直してこそ適正な評価が可能となることを力説している。ここでいう市民革命は日本の場合、明治維新をさすことになり、明治維新によって日本は「前近代」の江戸時代から脱出して近代への歩みを開始したというのが常識となっているが、これを強く否定しており、アーリイモダンとしてとらえ直した時に初めて「市民革命が導入した近代工業文明以前の農業社会のゆたかな最高発達段階を適切に評価し位置づけることが可能」（渡辺１７５頁）になってくるとする。

この渡辺のアーリイモダンを強調するベースとなっている考え方は、19世紀後半から20世紀初頭にかけて、西洋の圧倒的世界支配が確立したのは事実ではあるものの、18世紀まではヨーロッパとアジアの貿易関係において、少なくも18世紀まではアジアのほうが優位にあった。人口増大、生活リズムの加速化、都市の増大、都市市民階級の勃興、宗教改革、農民一揆等は、ヨーロッパだけではなく、アジア、アフリカに共通して見られた併行現象であり、「近代の出現は西洋の専売特許ではなく、全世界にみられる胎動の結果」（同１４４頁）だとしている。そして「ともあれ十八世紀の時点においては、三つの世界経済のうちどれが究極的に世界を統合するか、先験的に決まっていたわけではないのです。その意味でアーリイモダン期には、さまざまな近代の可能性、今日のような西洋普遍主義の支配する近代ではない近代がありえたかもしれぬ可能性が含まれていたのかもしれません」（同１４７頁）との見方はきわめて重要であるように思う。

こうした認識も踏まえながら渡辺は農業等についても語っており、「農民や漁民のいとなみは、決して近代的な『労働』という概念で捉えられるようなものではない……。それは遊びと区別のつかぬような人間の生命活動そのものなのです。むろんそれは苦しさや辛さを伴いますが、その苦しさ辛さはよろこばしさ楽しさと分離していないのです。苦しさ辛さはよろこびの代償」（同51頁）でもあるとの見方は深い。

そして一方で、次のようにも語っている。「自然はある意味では、現代文明の寵児となりつつあるのかもしれない。アウトドアライフ、バードウォッチング、一坪農園、渓流釣り。自然はいまやヒマとカネのある人間によって再発見され、喰い荒らされている。自然と対立して極限的な人工世界をつくりあげた人類は、こんどは車という機動力を駆使して、自然へ向けて逆流を開始したのだ。だが、このように再発見され再び価値づけられた自然は、かつて人間がその中で生きざるをえなかった自然とは異なり、文明化された人間のホビーの対象でしかない。自然が都市住民のナウいホビーでありうるのは、あくまでテクノロジカルな生活基盤と装備があればこそなのである。もちろん、このようなホビーとしての自然再発見は、森や川の破壊に歯止めをかける役割を果たすかもしれないという点では、一定の積極的意義を認めてもよいものであろう。だが、こういう自然との「親しみ」かたは、文明的な一兆候ではあっても、けっしてわれわれ人間を自然との正しい関係へ導くものではあるまい」（同65～66頁）と警鐘も発しており、本質的かつ重要な指摘としてしっかりと受け止めておく必要があろう。

経済学の限界を踏まえて

構造主義やアーリイモダンという視点・視角を導入してみると、ずいぶんと経済学という世界を相対的に眺めることができるようになるのではないか。特に新自由主義的なもののとらえ方がきわめて一面的で偏ったものであることがよくわかろうというものである。

またいくつもの経済学を概観してみて、同じ経済学であるとはいっても実に多様な経済学が存在しており、時代の変化とともに経済学も変化・発展し、新たな経済学が生み出されてきたことがわかる。それぞれに時代を反映すると同時に、思想とも密接に関係しているということができる。

経済学は学問、社会科学であり、冷静かつ徹底して論理を突き詰めていくことは当然である。しかしながら、生存を確保していくために食料安全保障の確立を前提に、自然史の流れに任せれば衰退する一方の日本農業をいかにして維持・再生していくのか。これは避けて通るわけにはいかない最重要課題であることも確かである。農業問題について論じる際の基本は、やはり生存を確保していくためには一定程度の食料自給率を確保し、食料の安全保障を確立していくところに出発点を置かなければならないであろう。

だからこそ改めて経済学における農業の位置づけを確認していくなり、経済学の中に農業を埋め戻していくことが可能かどうか検証していく作業が必要となる。そして一方で既往の経済学では論理的に農業の十分な評価は困難であることを踏まえて、経済学だけでなく政治的、文化的な要素も加味して総合的に農業問題を論じ、日本農業維持のための方策を考えていくことが必要だということなのではなかろうか。

第４章

Agro-society

あらためて問い直す
協同の源流と本質

はざ架けで天日乾燥（有機栽培田）

「協同組合の時代」ではなく「協同の時代」

日本農業がめざすべき方向は地域農業であることを強調してきた。この地域農業の担い手の基本となるのは家族農業であるが、家族農業という個別経営だけで経営の自立と持続的な農業を展開していくことは難しい。家族農業が協同して相互に扶助・連携して初めて地域農業は可能となり、家族農業も成り立つことができる。

この協同による相互扶助こそが地域コミュニティの核心であるとともに、地域コミュニティが大きく失われてきたことこそが日本農業の最大問題である。〝攻めの農業〟は規模拡大による所得増大を促す一方で、ＪＡ全中の社団法人化や農協（ＪＡ）・ＪＡ全農の株式会社化をはじめとする農協改革を執拗に求めているが、農協がいろいろと改善すべきところがあることは確かではあるものの、基本的には的外れであると言わざるをえない。むしろ外部からの移住者や新規就農者をも加えながら地域コミュニティを再生させ、地域農業を振興していくことこそが問われている。

そしてこの図式は農業以外の分野にも妥当する。財政が逼迫する中、政府や自治体の支援は縮小せざるをえず、国民は自らの責任をもって対応していく部分を増やし、できるだけの自立をしていくことが喫緊の課題となってきている。ところが経済成長にともなう都市化・一極集中にともなう人口の流出によって地域コミュニティは脆弱化してしまっており、地域の力が大きく低下している。地域コミュニティがしっかりしていてこそ、それぞれがお互いに助け合いながら自立していくことができることになるが、この肝心の地域コミュニティの脆弱化を無視して、さらに市場化・自由化と、経済成長による所得増大こそがその政府・自治体への依存から脱却させる処方箋であるとして、かろうじて残されている地域コミュニティを分断し引きはがそうとしている。まったくの逆療法が展開されており、まだ何もしないほうがよほど救われようというものだ。

今こそ、協同による取り組み、地域の力が求められていると考えるが、一方で「協同組合の時代」であるとも言われる。しかしながら、この認識だけでは不十分であると言わざるをえない。協同組合の時代というよりも「協同の時代」なのであって、この協同の時代を実現していくために協同組合が何をしていくのか、何ができるのかが問われているのである。残念でもあるが日本の現状が抱えている問題は、協同組合云々というレベルではなく、もっと深刻なものがある。本質的には国民一人ひとりの生き方が問われているのであって、農協が、あるいは政府・自治体のあり方が問題とされる以前に、こうした日本にしてきた根源に何があったのか、協同の心を失ってきた日本が何を招いてきたのか、しっかりと見つめ直すことを避けて通ることは許されまい。

武蔵野新田開発を成功に導いた川崎平右衛門

ここで改めて協同とは何か、を考えていくうえで取り上げておきたいのが、川崎平右衛門《へいえもん》（１６９

4～1767年）である。平右衛門は江戸時代の中期に活躍した人で、武蔵野国多摩郡押立村《おしたて》（現在の府中市押立）の名主であり、武蔵野台地での新田開発を農民の協同の力を引き出すことによって成し遂げた立役者である。

1707年に先の東日本大震災にも匹敵する宝永大地震が発生し、続いて富士山が大噴火した。この天災、大災害の影響による飢饉の続発と復興事業にともなう幕藩財政の悪化から、8代将軍・徳川吉宗によって享保の改革への取り組みが開始された。この総責任者を務めたのが大岡越前守忠相《ただすけ》で、その目玉が武蔵野台地での新田開発であった。開発は遅々として進まなかったことから、「世襲の役人に代えて、現場で復興事業に取り組んでいる農民・町人の中から優れた人材を抜擢」するとして武蔵野新田世話役に任命されたのが川崎平右衛門である。

もともと作物の栽培には適さない武蔵野台地を改良していくには、大量の肥料が必要であったが、百姓たちは貧しくて肥料を購入することはかなわず、幕府も財政難で肥料代を補助することは困難であった。平右衛門は、農閑期には肥料が半値にまで下落することに目をつけ、この時を見計らって大量に肥料を買い付ける。一方で収穫物は商人の手に任せず、直接買い上げてやることによって有利販売する。このようにして肥料は半値で貸し渡し、収穫物は2割高で買い取り、貸し付けた肥料代は収穫物で返済させる。このための資金は、幕府から公金を借り入れ、これを商人たちに貸し出すことによって、元金には実質手をつけることなく、商人たちから得た利息をこれに充当することを考案・実現した。また、備蓄等を進める養い料組合の設立、畑を開きながらも作物が取れないために逃げ出した農家が戻ってきた際の立ち帰り料の支給、飢饉に備えての稗蔵《ひえぐら》の設置等に取り組んだ。

こうした取り組みと併行して、見ず知らずの人間が集まってつくられた新田の村であるからこそ、村人たちは助け合い、百姓たちの話し合いによって自主的に物事を判断して進めることができるよう、百姓自身が協力し合う百姓組合ともいうべき取り組みを重視した。その他の手法も含めて、平右衛門は助け合う心、協同の精神を尊重し、百姓たちの力を引き出すことによって、新田開発を成功に導いたのであった。

平右衛門はその後、本田代官となって輪中《わじゅう》で知られる木曾三川の治水工事にあたり、さらに大森代官となって石見銀山の再建にあたっている。いずれの地にも平右衛門の功績とその人徳をたたえて、いくつもの石碑等が立てられている。

「武蔵野の歌が聞こえる」の真骨頂

合唱構成劇として上演

筆者が川崎平右衛門を知るきっかけとなったのは、東京都小金井市にある劇団・現代座による合唱構成劇「武蔵野の歌が聞こえる」の上演に向けた市民グループの支援活動への参画である。「武蔵野の歌が聞こえる」は木村快《かい》氏の脚本・演出によるが、同じ地域に住む市民から「地元の話を芝居にしてほしい」との要望があり、そこで提起されたのが「川崎平右衛門」であった。そして市民とプロジェクトを組み、川崎平右衛門や江戸の歴史等について4年にわたって勉強会を重ねて脚本はつくられた。

勉強会を始めた翌年には東日本大震災が発生している。木村氏は「実は、江戸幕府が不毛の大地と言われた武蔵野台地に82か村に及ぶ大新田を開発する必要があったのは、宝永4年（一七〇七）の東南海トラフ大地震で歴史上最大の災害が起こり、農業を復興しなければならなかったからでした。しかし、それに先立つ元禄時代はバブル景気でうかれ、幕府の財政は破綻しかかっていました。現代と同じことが起こっていたのです」と語る。そして東日本大震災の復興や財政再建のためにもろもろの対策が講じられてきてはいるが、最も欠けており、今、最も必要とされるものこそが「協同の心」「協同の取り組み」であると看破して脚本は書き進められた。

劇中、心打たれる場面はいくつもあるが、平右衛門が新田世話役に任命されてはじめて行った、不足する水を確保するための村民による井戸掘りの話がその一つ。井戸掘りに際して「皆の衆、これからは村で必要なことは江戸の商人に頼まないで、自分たちでやることにしよう」と述べ、節約と自給を呼びかける。「いいか、力があるものは力を出せ。知恵がある者は知恵を出せ。心優しい者はみんなにやさしくしてやれ」と諭すとともに、食べ物に事欠く村民に労働量に応じるだけでなく、老人や子どもにも一定量の麦を分配する。こうして井戸の掘削を実現させた平右衛門のやり方を見て大岡忠相は「なるほど、同じ百姓でも上から命じられたときの百姓と、おのれがやろうとするときの百姓で

「水が出たぞ！」のシーン。「武蔵野の歌が聞こえる」の舞台

は力の出し方は何倍も違うのだな」と合点し、「新田開発の儀、平右衛門の心一盃《いっぱい》にすすめることを許す」と高らかに宣言する。まさに劇場という空間が加速させて、平右衛門の思いを全身全霊をもって受け止めるべく迫ってくる。

川崎平右衛門顕彰会・研究会の発足

「武蔵野の歌が聞こえる」の初演は２０１４年であるが、15年、16年と市民グループによる支援活動によって現代座での公演は続けられた。この間、ＪＡ東京中央会、ＪＡ東京むさし、日本労働者協同組合連合会をはじめとして、たくさんの協同組合関係者にも見ていただいた。

　そうした中から、この川崎平右衛門があまりにも世に知られないでいる、もっともっと広く世に知らしめるべきと考える人たちが集まり始め、ついに２０１７年5月には川崎平右衛門顕彰会・研究会を発足させた。川崎平右衛門を世に広く知らしめていくとともに、協同による取り組みについての関心を高め協同活動を活発化させていくことを目的とする。川崎平右衛門に敬意を抱き慕う個人および法人を会員として、川崎平右衛門およびこれに関係する協同活動に因む各種イベントの企画・開催・応援、研究会の開催、各地の川崎平右衛門顕彰団体等との交流などを行っていくことをねらいとする。役員体制は会長・山田俊男（参議院議員）、副会長（川崎平右衛門研究会会長）・大石学（東京学芸大学副学長・教授）、副会長・須藤正敏（ＪＡ東京中央会会長）、同・永戸祐三（日本労働者協同組合連合会名誉顧問）、同・岩倉秀夫（府中市史談会副会長・会長代行）、常任委員（事務局長）・蔦谷栄一、同（企画広報委員長）木谷道宣（木谷ウォーキング研究所代表）等でスタートしている。

　このように合唱構成劇「武蔵野の歌が聞こえる」がつくられるまで、そしてその公演の開催・運営、さらには川崎平右衛門顕彰会・研究会の発足およびその活動はまさに協同活動そのものということができる。川崎平右衛門の存在と活躍があってこそ、このように派生した活動が可能になったわけであるが、川崎平右衛門の協同組合史における位置づけについては追って触れることにして、ここでは川崎平右衛門の活動の核心にあるものこそ「協同の心」「協同の取り組み」であることを見て取った木村快氏の協同思想に的を絞って確認しておきたい。

木村快の協同思想

コミュニティの活性化

あらかじめ木村快氏について紹介しておけば、脚本家、演出家であるとともに、ＮＰＯ現代座の代表である。現代座の前身が統一劇場となるが、統一劇場は１９６５年に近代歌舞伎戯曲の第一人者であるとされた真山青果を父に持つ劇作家・演出者の真山美保等が創設したことで知られる新制作座から分かれてスタートしている。

統一劇場は、山田洋次監督が制作した、岩手県の過疎の村で若者たちが劇団公演を計画し成功させるまでを描く映画「同胞《はらから》」のモデルとなった劇団である。まさに全国の地域を訪ね歩きながら演劇を公演する劇団であるが、地方の人たちに演劇を見てもらうとともに、地方・現場の人たちが上演にむけての準備・取り組みをしていくことが地域コミュニティの活性化につながる、との考えがベースにはある。木村氏は統一劇場の代表でもあった。１９８５年に統一劇場から「ふるさときゃらばん」と「希望舞台」が独立したことから、後に残った者たちで改めて結成したのが「現代座」で、１９９０年に名称を「統一劇場」から「現代座」に変更したものである。木村氏の演劇についての考え方の基本にあるのが、「演劇はコミュニティの原点であるお祭りから生まれた芸能」であり、演劇の仕事は昔からコミュニティの原点を支えてきたというのが持論である。

木村氏の脚本・演出による演劇作品は、「武蔵野の歌が聞こえる」をはじめとして、「出航」、「遙かなる島」、「風は故郷へ」、「星と波と風と」、「絆をつくる町」、「約束の水」、「小金井小次郎」等数多い。また「遠い空の下の故郷」は、ハンセン病療養所に暮らす二人の女性の歩いてきた道のりを取り上げた朗読劇である。演劇をはじめとする作品はすべて現場を舞台にし、そこで懸命に生きようとする人間の口をして語らしめているが、木村氏は作品を書く際には、その土地に何か月か住み、その土地での暮らしぶりをともにする中から浮かんできたものを作品に仕上げるのを常とする。作品のストーリーがまずあって、これを現場で肉づけし検証するというやり方には絶対にくみしない。

この木村氏の仕事で忘れるわけにはいかないのが、ブラジルへの移民についての研究をまとめた大著『共生の大地アリアンサ』である。これはブラジル・サンパウロ州にあるアリアンサという村の移民史であるが、現代座が1994年にブラジル公演を行った際に、「日系子弟のためにアリアンサの正確な歴史を残しておきたいのだが、日本側の公的移住資料が見つからなくて困っている」との話を受けたことに端を発する。戦前、国策で20万人以上もの移住者をブラジルに送り出しているが、その中で日本人移住地としては最大であったアリアンサについて、戦後、日系社会で出された『ブラジル・日本人移民史』の中ではまったく触れられていないという。アリアンサは住民自治を基本に協同組合方式による精米所、医療設備、小学校、集会所などを完備する一方で、日本政府の進める移民政策への批判から生まれた大移住地でもあったことから、無視されてしまったということらしい。木村氏はそれからブラジルとの間を二十数回も往復することによって、「ブラジルに協同の夢を求めた日本人」が、「国の移住政策に逆らって、自分たちの自治による理想の移住地をつくろうと闘った大正時代の男達」の記録としてまとめあげたものが『共生の大地アリアンサ』である。

協同をベースにした四つの核心

このように木村氏は活動のベースに協同というものを常に置いてこだわり続けてきた。木村氏の協同思想を私なりに理解してみると、四つの核心から協同というものをとらえているように考える。まず一つは弱者の立場に寄り添うことを出発点にしている。先の「武蔵野の歌が聞こえる」の中での井戸掘りの話で、それぞれの働きの分に応じて麦を配るが、働くことのできない子どもや老人にも一定量の麦を渡す。そこには「弱者を守ることなしに全体が生き残ることはできない」との認識が色濃く反映されているように思われてならない。侍には見えない、農民だからこそ見えるものがある。東京ではわからない、地方に住むからこそ実感できることは多い。弱者の持つ目差しから社会を見ていくことなくして、全体をまっとうなものにしていくことはできないという信念が横たわっていることを見て取ることができる。

二つ目が、協同の根底に自立をしっかりと置いていることである。言い方をかえれば自立なくして協同はありえないということでもある。「武蔵野の歌が聞こえる」では武蔵野新田の開発がメインテーマとなっているが、なぜ武蔵野新田開発が喫緊の最重要課題となったのか。宝永大地震と富士山の噴火という大災害に見舞われ、それまでの放漫財政と災害対策で幕藩財政は逼迫してしまい、この窮地からの脱出策として武蔵野新田開発が位置づけられたもので、何としても成功させなくてはならないものであった。まさに武蔵野新田開発とバブル経済とその崩壊、そして東日本大震災への対策とが重ね合わせて描かれているが、そこで平右衛門の活躍をとおして木村氏が訴えているのは、「災害対策とは、単に弱者を救済することではなく、人間の基本的な協同力を引き出す行為だ」ということである。

ともすれば災害対策がしっかりと行われているかどうかは、投入した予算の額、端的に言えばどれだけの金を使ったかではかられている現状に対して、それでは本当の対策にはならない。復興を果たしていくために絶対に必要なのは、自らが、そして地域が自立していけるようになることであり、そのために欠かせないのが協同の力であることを強調している。人間がまっとうに生きていくために必要であるのが自立であり、自立があってこそ金も生きてくることになる。その自立を促して共生可能な社会にしていくにあたって要となるのが協同だ、ということである。

三つ目は、その協同の心は与えるものではない、引き出すものだということである。人間は本来、協同の心を持った存在であるという認識がここにはあるように思われる。誰しも心の奥には協同の心が潜んでおり、これが人間たらしめていると同時に、人間の歴史とは協同の行為が連綿として積み重ねられてきたものであるという歴史認識を持つのではないか。これは誰であっても協同の心を発揮して活動していく可能性を秘めているということでもある。だからこそ希望がある、希望を捨ててはならないということにもなる。この協同の心を、農業の現場をよく知る平右衛門だからこそ引き出すことができ新田開発を成功に導くことができたのであり、侍たちにとってそれはかなわないものであった。

そして第四が、大切なのは組織以前の協同の心だという確信である。「まず組織ありきではなく、協同ありきなのです。運命共同体としての自覚から始まるのが協同です」。「人間が共に生きることを原点とする協同を私は『共生協同』と表現しています。共生とは協同の根っこにあるもので、困難なときほど鮮明になります」と語る。組織をつくり、人数を集め、事業量を増やしていくところに協同の本質があるのではない。一人ひとりが、地域が自立していくためにこそ発揮されるところに協同の本質はあるとする。そして困難に直面するほどに協同の本質を踏まえているかどうかが問われるとともに、協同は輝きを増すことになるとする。

木村快の歩み・取り組み

協同組合、協同組合思想について語る人は多いが、真に共感・共鳴できる人はそう多いわけではない。それはその思想なり、考えの深さ・広さ等という以上に、生き様というものと一体となっては見えてこないところにあるのかもしれない。木村氏の私なりの理解での四つの核心は、木村氏が生きてくる中で感得し醸成させてきたものであるように思う。

その木村氏の歩んできた道を簡記してみると、1936年に当時、植民地であった朝鮮の大邱《テグ》で生まれている。父親は建設関係の仕事をしていたが、召集を受けて硫黄島で戦死。そして敗戦となって母親と兄弟5人で福岡県の炭鉱町に引き揚げ、ここで暮らすようになったが、その翌年には長男である木村氏だけが祖父に引き取られて広島へ。

原爆で焼け野原となり校舎もない、また教科書もない中で国民学校時代を過ごす。1947年に教育基本法が制定されて新制中学が義務教育となるが、その第2年度となる48年に中学に入学している。

中学を卒業して、とにもかくにも生きていくために定時制高校に通いながら大工、そして日雇いの土木作業員として働き、1袋50kgのセメントを一度に2袋担いでいたそうだ。

植民地で生まれ育ち、戦争で父親を失い、終戦の混乱の中、命からがら船で日本に引き揚げ、そして国民学校で教育を受けてきたが、切り替わった新制中学に入り、さらには生きていくために定時制高校に通いながら大人に交じって肉体労働をして食い扶持を自力で確保してきた。戦前・戦中・戦後の動乱・混乱の中を辛苦をなめながら生き抜いてきたもので、まさに体で戦前・戦中・戦後の変化を感じとってきたといえる。

また土木作業する仕事で、原爆跡地を整備して平和公園の造成も行った。その作業のために働く日本人たちは、同じく働いている多くの朝鮮人とまったく交わろうとせず、いつも日本人だけで固まっていた様子が忘れられないという。また平和公園として造成・整備にする前にあった、原爆で亡くなったたくさんの朝鮮人を悼む慰霊碑が、平和公園ができあがった時には取り払われてしまい、日本人だけを慰霊する平和公園になってしまったこと、さらに付け加えれば朝鮮から日本に戻り学校に通い始めた時に、自分は日本人であるのに同級生からは「朝鮮人、朝鮮人」といって囃され、いっしょには遊んでもらえなかったことも木村氏からお聞きしたことがある。こうした経験・体験が、日本人とは何かを考えさせ、木村氏を日本人でありながらも一般の日本人とは異なった目線を持つようにさせたことは想像にかたくない。

木村氏は定時制高校3年の時、NHKの「青年の主張全国コンクール」に出場しており、ここで第1位となっている。ところがこの受賞で「日雇い労働者の青年が文部大臣奨励賞」ということで、テレビのない時代、新聞・ラジオで話題となり、必要以上にもてはやされるようになったことに居心地の悪さを感じて、高校を中退し、東京に向かうことになる。これはいかにも木村氏らしい話で、私が木村氏は本物だと心底思う大きな理由の一つが、木村氏の持つこうした感受性である。自らに対して謙虚すぎるほどで、人前に自分が出ることを好まない。

上京してから深川で日雇いの仕事を続けていたが、ある時、友人から「劇団に遊びに行かないか」と誘われてたまたま新制作座へ足を運ぶことに。そこで劇団の裏方さんが舞台で使う小道具をつくっていたが、それがうまくいかない。見るに見かねて手を出して助けてやったところが、腕を見込まれ、また大工の経験もあることから裏方に誘われ劇団の手伝いをすることになる。裏方の仕事をしているうちに、劇団を主宰している真山美保さんから誘われて劇団入りをする。そして間もなく新制作座が創設した演劇研究所の、補欠とはされながらも研究生となって、演劇だけでなく、哲学をはじめとする社会科学について大学教授をはじめとする超一流といっていい人たちから、ごく少人数でほぼマンツーマンに近い教育を受けることになる。

劇団入りしたのが1959年であるが、その後、安保闘争の余韻が続いて騒然とした雰囲気が色濃い中、劇団員も演劇以上に政治に夢中になる傾向があり、「背後で木村が煽っているのではないか」との嫌疑を受けて、64年の東京オリンピックの頃に首にされる。そのすぐ後には、70人もの劇団員が即日解雇される。皆が右往左往する中、10代から一人で生きてきた木村氏が生活面等でアドバイスする一方で、新制作座労働組合の上部団体である舞台芸術家組合や映画演劇総連合に陳情等を行う中、「とっさの便利屋」として木村氏は失業者集団の代表に持ち上げられることになる。そして65年に統一劇場を創設することになり、以来、55年が経過して現在に至っている。

劇作家・演出家でもある木村氏が脚本を書き始めたきっかけもふるっている。著名なシナリオ・ライターである山形雄策氏に統一劇場で公演するための脚本の執筆を依頼しに行ったところが、「劇団というものはな、座付き作家を持たなければ本当の仕事はできないぞ。人に頼むより自分で書け」「技術があるかどうかが問題じゃない！　やらなければならない仕事かどうかが問題だろう。芝居の世界で7年もメシ食ってるなら、ホン（台本）の描き方くらいわかるはずだ」と一喝されてしまい、結局は自分で脚本を書かざるをえないところに追い込まれて書き始めることになる。その山形氏に4作目の原稿を読んでもらった時に山形氏がボソリと言った「君は庶民が描けるな。今どき庶民を描ける作家はいないぞ」との評が自信を与えてくれるとともに、その後の大きな心の支えともなったようだ。

協同思想を知ってもらうために

このような木村氏の波乱万丈の人生、そして大日本帝国から被占領国ニッポンへの転換という時代の激変、そうした中で人間そして日本人を見つめてきたことが、作品を紡ぎ出すとともに、協同思想を熟成させ結晶化させてきたといえる。

今、木村氏は、〝最後の作品〟の構想中であるが、併行してこれまでの作品を生み出すために集めた膨大な資料のアーカイブズ化とともに、東京・小金井市にある現代座会館という〝器〟を次の世代にバトンタッチしていくことが課題となっている。そして自らが体感してきた戦前・戦中・戦後の歴史を、紙芝居を使いながら伝える機会をも設け始めている。

私も微力ながら、木村氏の作品と同時に、その生きてきた貴重な経験についても知ってもらうとともに、協同思想を肌で理解し現場を動かしていく若い人たちを育てていきたいということで、現代座会館を使って「快塾」を開かせてもらっている。このところ奥さんである木下美智子さんのご両親の介護のために長野におられることが増えたことから、年に2～3回、不定期ではあるが、協同組合関係者や地元農業者のリーダー、これに後述の「物語屋さん」にも入ってもらい、各回6～7人でお酒を酌み交わしながら木村氏が自由に思い浮かぶままに語る話をお聞きする会を催している。

川崎平右衛門があれだけの功績をあげながらあまりにも知られていないのと同様に、木村氏を知る人も限られているのが現状である。川崎平右衛門のみならず、木村氏をもっと知ってもらいたい。彼の作品と同時に、その作品の根底にある協同思想を知ってもらうようにしていくことも自らの大事な役割の一つであると受け止めて快塾を催している。協同組合について語る人は少なくないが、今、この時代に必要な、本物の協同思想を語れる数少ない一人が木村快氏だ、というのが率直な私の思いである。

協同組合の源流

川崎平右衛門の活躍を描いた「武蔵野の歌が聞こえる」から、川崎平右衛門そしてその脚本家・演出家である木村快氏について触れてきた。

川崎平右衛門については協同組合関係者も含めて知らない人がほとんどで、そのゆかりの地に住むわずかの人に知られているにすぎない。二宮尊徳や大原幽学は日本の協同組合の源流としてある程度知られてはいるものの、そもそも協同組合という理念・仕組みそのものがヨーロッパから導入されたものであるという認識が強いというのが実情なのではないか。そこで改めて日本における協同組合の歴史について確認しておくことにしたい。

１９００年（明治33年）の産業組合法の成立によって、わが国における協同組合の歴史の扉は開かれたとされる。この産業組合法の成立に大きくかかわったのが品川弥二郎であり平田東助である。

産業組合法成立までには曲折があり、１８９１年に内務省によって「信用組合法」案が帝国議会に上程されたものの、衆議院が解散となり、貴族院も停会となったことから審議未了で廃案となった。この時、品川は内務大臣、平田は法制局部長であった。二人はドイツ留学中に見聞したシュルツェ系信用組合をモデルに信用組合法を立案した。

これについての帝国議会における論戦と併行して展開されたのが農商務省と農学会による反論であった。ドイツのシュルツェ系信用組合は、①組合区域を制限しない、②短期融資を原則とする、③役員には俸給・賞与を与える、等を原則とする。これに対してライファイゼン系は、①一人二つ以上の組合への加入禁止、②持ち分制を排し、利益配当はしない、③貸付金は長期貸付とする、④貸付は対人信用とし、徳を養うことを目的とする、⑤会計を除く役員を無給制とする、等を原則とする。農村振興を主眼にすれば都市信用組合型のシュルツェ系信用組合は不適切であり、ライファイゼン系であるべきとした。

１８９７年に、あらためて農商務省から、シュルツェ系の原則に忠実だった信用組合法案に、ライファイゼン系の原則をも織り込んだ「産業組合法」案が上程された。この法案も審議未了によって不成立となったが、その後も粘り強く活動が積み重ねられることにより、１９００年2月に第一次とほぼ同じ内容とされる第二次産業組合法案が上程され、貴族院を通過、成立したのであった。

いずれにしても日本における協同組合はドイツをモデルに成立した。そのドイツはイギリスに遅れて産業革命が進展しており、イギリスを参考に協同組合は構想された。その意味ではわが国の協同組合の源流はイギリスのロッチデール公正開拓者組合にあるとの見方も可能だ。

日本独自の協同組合運動の祖

ところで１９００年の産業組合法成立以前の１８８４年に茶業組合準則、85年には蚕糸業組合準則が設けられている。さらに組合製糸の始まりは１８７７年とされ、またその前後に各地で報徳社が結成されてもいる。

このように産業組合法成立以前からわが国でも協同組合的活動は必要に応じて展開されてきており、ロッチデール公正開拓者組合を源流とする流れとは別に、日本独自の流れが存在し、この流れの上に産業組合法によってヨーロッパ流の協同組合運動が合流・接ぎ木されて発展し、世界でも最大の協同組合国だとされる現在の興隆がもたらされたと見るほうが実態に即しているといえよう。

この日本独自の協同組合運動の祖としてあげられるのが二宮尊徳であり大原幽学である。

二宮尊徳（１７８７〜１８５６年）については、改めて紹介するまでもないが、相模国足柄上郡栢《か》山《やま》（現在の小田原市栢山）の出身で、至誠・勤労・分度・推譲の四綱領を基本に、小田原藩家老服部家をはじめとする財政改革や農村復興運動を指揮した人であり、日本最初の経営コンサルタントであるとも言われる。その弟子である岡田佐平治が遠江国報徳社を設立したのを手始めに、道徳と経済の調和を中心とする協同的結社「報徳社」が各地に広まり、これが日本における協同組合の先駆的組織であるとされる。少し前までは小学校の校庭といえば二宮金次郎の石像が置かれ、道徳教育の教材とされるなど、いささか神格化されてもきたといえる。

また大原幽学（１７９７〜１８５８年）は尾張藩の生まれであるが、各地での流浪を経て、房総長《なが》部《べ》村に招かれ、やはり道徳と経済の調和を基本とする性学《せいがく》を説き実践に取り組んだ。「先祖株組合」をつくって、村民は所有地の一部を提供し、これから上がる収益で困窮者の支援、土地改良、農地開拓を進めるなど、農民が協力し合って自活できるよう促すことによって農村振興の成果をあげた。

村落共同体にある協同の知恵

村落共同体の成立

二宮尊徳や大原幽学はともに19世紀の前半、江戸後期に活躍した人であるのに対し、先に取り上げた川崎平右衛門（１６９４〜１７６７年）は18世紀の前半、江戸中期に活躍しており、日本協同組合運動の祖とされる二宮尊徳や大原幽学よりも約１００年さかのぼることになる。こうした川崎平右衛門の存在は、全国にはまだ知られざる第二、第三の川崎平右衛門が存在していることを予測させるとともに、協同の歴史もずいぶんとさかのぼりうることを示唆していると見ることができる。これについての私の見解を先に明らかにしておけば、人類の発生以来、人間が単独で生存していくことは困難であり、相互に助け合いながら直面する困難に立ち向かうことによって生存を可能にし世代を継いできたもので、基本的に人間は相互扶助的な存在であると考える。これがベースにあったうえで、近世・江戸時代以降、そしてその端緒は中世に開かれたと考えられるが、村落共同体を形成していく中で、生産し、ともに暮らしていくための知恵が協同の活動として進化・風土化してきたのであり、二宮尊徳や大原幽学、さらに川崎平右衛門も、この知恵を生かし、独自の表現により展開してきたと理解される。

村落共同体の成立を促すことになった大きな要因は小農の自立であり、これを可能にしたのが耕地の増大であったと考えられる。小農は夫婦によって形成される単婚小家族が自立したもので農民経営の基礎単位となるものであるが、それまでは傍系家族まで含み込んだ複合大家族が一つの世帯かつ経営体であった。大量の小農経営が生み出されることによって村落共同体は形成され、また小農の経営は同族団とともに村落共同体によって支えられることになる。その自立経営を営む小農が生まれたのは新田開発によって耕地が飛躍的に増大したことが大きく、耕地の増大とともに人口も増大し、小農が大量に生み出されることになった。

日本列島の耕地開発は、古代の条里制施行期、戦国時代から江戸時代前期、明治30年代という三つの画期をもっているとされる（佐藤・大石30〜31頁）。特に戦国時代から江戸時代前期は日本史上、かつてない「大開拓の時代」であったといわれる。「パックス・トクガワーナ」（徳川の平和）にともない、交通や運輸網が整備されるとともに、戦乱の中で磨き上げられてきた土木技術が治水・利水のために積極的に転用されたことが大きく、「軍事的技術の平和利用こそが、近世前期の大規模な耕地造成と農業生産の安定に決定的な役割を果たした」（木村１４４～１４５頁）とされる。川崎平右衛門によってなされた武蔵野新田開発は、江戸時代前期までの相対的に条件に恵まれたところでの新田開発が終わった後の、残された条件の悪いところを江戸中期になって行った新田開発となる。

そして村落共同体における自治形成に決定的な作用を及ぼしたのが兵農分離である。戦国時代から江戸時代前期にかけての新田開発によって大量の小農が生み出されることになったが、小農は中世以来、自生的な発生を見ていたとされる。また兵と農もある程度分かれていたとされるが、太閤検地や刀狩、江戸時代に入っての大名の転封（領地替え）によって兵農分離が格段に進むことになる。検地帳に名請人として登録され年貢と百姓役を負担するものが百姓、年貢を徴収し軍役を負担するものが武士とされたことで、特に検地は兵農分離を大きく進め、さらには商農分離も加わって武士とともに商人の多くも城下町に移住し、非農業的な都市的といわれる要素のかなりの部分が、村から分離して城下町に集中されることになる。

そこで武士がいなくなってしまった村では村落共同体を基礎とした自治が展開されることになるが、検地によって小農も公的存在として位置づけられるとともに、経営の持続性・安定性を確保することになったことは重要である。広域また甚大な災害・凶作・飢饉等の場合には、幕府や大名が金や穀物を施与する等の救助活動が行われることがあったものの、基本的には村の自力救済と相互扶助に委ねられた（渡辺１３６頁）。江戸時代の村は「領主の存在しない純粋な農林漁業者の生産者集団」（佐藤・大石92頁）とも言われる所以である。

村落共同体と自治の風土

ところで、こうして形成されてきた村落共同体、村は、どのようなものであったのだろうか。今とどの程度異なっているのか大いに興味・関心のあるところであるが、渡辺尚志『百姓の力』によると、18～19世紀で村高（村全体の石高）400～500石、耕地面積50町歩、人口400人が平均だとされる（渡辺18頁）。1石は180ℓで約150kg、2・5俵として、10a当たり生産量は2・5俵弱となる。こうした村が全国で元禄10年（1697）に6万3276、天保5年（1834）に6万3562あったとされる（同18頁）。現在ある市町村の数は全国で約1700であることから、単純に割ると1市町村に37程度の村が含まれることになる。現在ある「大字」は、江戸時代の村を引き継いでいるケースが少なくないともされており、おおむねのイメージを持つことは可能であろう。

これに関連して土地所有についても見ておくと、土地は幕府・領主との重層的関係の下にあって、絶対的・排他的な所有権を持つものではなく、「一つの土地の所有者は単一ではなく、百姓・村・同族団・領主（武士）など複数の人および集団が、重層的に関係していた……。権利関係を異にしながら、それぞれが所有主体として関わっていた」（渡辺80頁）とされる。言い方をかえれば「共同所有と個別所有が重なり合ったような江戸時代の所有形態」（渡辺79頁）であり、耕地、山野、屋敷地等の全体が村の領域とされ、村の統一的管理下に置かれていたと言うこともできる。

あわせて地主と小作人といった身分・秩序等についても確認しておくと、まず百姓についてであるが、「農業を経営しながら他業にも従事する人たちが百姓」と呼ばれた（田中34頁）。また「百姓とは、いちおう土地を所持して自立した経営を営み、領主と村に対して年貢・役などの負担を果たし、村と領主の双方から百姓と認められた者に与えられる身分呼称」であった（渡辺57頁）。村の構成員は本百姓と水呑とに大別されるが、これは17世紀後半に新田開発が頂点に達することにより、農民人口が扶養能力を上回ることになって発生したものである。すなわち増加を続けてきた耕地面積の頭打ちは、村に居住する権利としての農民の名跡を保証した本百姓株の固定化をもたらし、次男・三男の分家や非血縁分家等による新規農民の出現を制限することとなり（佐藤・大石96頁）、水呑の発生を招くこととなった。本百姓は検地帳に名請けされ、自立可能な高請地と屋敷を所持し、幕藩領主によって基本的な年貢負担者とされるとともに、村落内では村寄合に参加する資格を持った農民とされた。これに対し、水呑は無高ないしは零細な田畑しか所持せず、村政への参加は認められず、本百姓とは身分的に区別された（佐藤・大石95頁）。

　村の運営は、村請制によって行われた。すなわち村は自治組織であり、年貢を連帯責任によって納めることとされていた。年貢は検地によって石高が決められた田畑・屋敷地に対して賦課されたが、具体的な各百姓が負担する年貢については、領主は基準を示すのみで、村がこれを決定していた（渡辺１１９頁）。このために名主（庄屋・肝煎）、組頭、百姓代の村役人が選ばれ、名主は村役人の長として村政全体に責任を負うものであった。したがって不作や経営破綻《はたん》等によって年貢を納められない家が出た場合には、他の村人が肩代わりすることになるが、最終的には名主はこれを負担する経済力を持っている者であることが求められた。しかしながら名主は有力な百姓が世襲するだけではなく、村によっては輪番制をとったり投票（入札）方式をとる村もあったとされる（渡辺159頁）。

名主は村を運営する行政能力とともに、年貢を立て替える経済力が必要とされていたが、これに加えて村人への蔵書の貸し出しをはじめとして文化的な貢献や、村人の相談に対応できるだけのさまざまな知識を持っていることが求められるものでもあった（渡辺158〜159頁）。その名主をはじめとする村役人は、自治組織の長という性格上、基本的には無給であった（佐藤・大石101頁）。また村入用の会計は、村役人がとりあえずは費用を立て替えて払っておき、年度末に決算したうえで村民に割り振りして徴収する方式をとることが多いとされる（佐藤・大石121頁）。

このように端緒は中世にまでさかのぼるが、近世・江戸時代に村落共同体が形成され、そこでは本百姓と水呑という身分格差を内包しながらも、相互扶助と連帯責任によって自治が行われた。付言すれば都市でも「町年寄、名主、地主および地主から委任を受けた家主から構成される自治的組織が、都市に居住する地主、地借、店借という土地所有に基づく階層別、居住地別に人々を統治」するとともに、「幕府—町奉行—町年寄—名主—町中一般という居住地を基準にした従来からの間接的な支配・被支配の関係に、町年寄—問屋株仲間—商工業者という産業別・職能別のコントロール機能が組み込まれていた」（鈴木174〜175頁）。五人組、職能別組合等の自治組織が発展するなど、江戸時代というものが日本全体に自治の風土といったようなものを熟成させ濃厚に根づかせることによって、相互扶助や協同の精神なり行動といったものがごくあたりまえに受け止められ、また発揮されてきたものと思料される。そうした中から川崎平右衛門のような人物が輩出してくることも無理なく納得できるのである。

江戸時代における協同の知恵

関係して江戸時代における協同の具体的な知恵のいくつかを取り上げておきたい。一つが割地（地割ともいう）である。何年かに一度、定期的に、くじ引き等によって、耕地の割り替え、所持地の交換が行われたもので、条件の悪い農地や洪水等の災害にあっても、その危険負担を均等化させる知恵であるといえる（渡辺73頁）。なお、この割地に関連して、賀川豊彦は『協同組合の理論と実際』の中で、わが国において古来行われてきた「共済組合的制度」の一例として地割制度を取り上げ、洪水によって耕地を失ってしまった場合に、「農民は団体を組んで、その土地の土砂礫を除き、地面を分割して相互扶助の制度を設け、労力出資による耕地回復を実行した」（賀川２　92頁）ことを紹介している。

二つ目が結《ゆい》、もやいである。耕地や屋敷地の維持は個々の所持者の責任とされながらも、田植えや稲刈り等の一時的に大量の労働力が必要な時には、「結」と呼ばれる家々の間で労働力を相互融通したり、「もやい」と呼ばれる共同労働が行われた（渡辺１０１頁）。三つ目として、村だけでは完結できない問題については、村が不足する機能を地域的結合がこれを補完し、また新しい機能を生み出していった。こうして多様な地域的結合（組合村）を展開させてきたもので、組合村は村と重層性をもって存在していたとされる（渡辺184頁）。

今こそ必要な協同

根底にある相互扶助

昨今、江戸時代を再評価すべきだという見方が増えてきている。すなわち薩長中心の新政府によって、江戸時代は士農工商による身分社会であり、武士は年貢によって農民を支配し、名主は貧しい百姓たちから年貢を無理やり取り立て、また五人組等による保守的、抑圧的な管理社会であったという刷り込みがなされてしまった。これは明治政府が自らへの支持を獲得するための情報操作・教育の歪曲であって、江戸時代の実態は地方分権的で自給的で循環型のリサイクル社会という面を濃厚に持つ。近代化にひたすら邁進《まいしん》した明治維新にならって、平成維新を起こすのではなく、むしろ江戸時代に立ち返って日本の進むべき途を考え直してみるべきではないかとの主張がメインとなっているように感じる。基本的にこうした受け止め方に賛同するが、改めて江戸時代を見てみた時に、こうした地方分権的で地域自給的・循環型の社会を可能にしていたのが多様で重層的な自治組織の存在であり、その根底には相互扶助・協同の風土・取り組みがあったことを忘れるわけにはいかない。

またこれとは別に、近世、江戸時代の村は、「基本的には農民だけの住民構成となり、……中央集権国家によって村が管理され支配された」（原田11頁）ものであったとの指摘もあり、中央集権国家の下での自治にすぎないという見方もあることは確かである。こうした指摘は中世の村との比較から出されてきたものであり、「中世の村は、都市に完全に屈服した存在ではなく、明らかに自立性を有していた。むしろ村が都市に支配されていく過程が中世という時代であった」（原田11頁）という認識をベースとしたものである。村落共同体は中世、地方分権的な政治体制の下で発生して自立・自治を強めていったものが、江戸幕府という中央集権国家が成立することによってその支配下に置かれることになりながらも、新田開発による人口扶養力の増加を背景に都市と農村とが分離される中で明確に自治・自立していくべき存在として位置づけられるようになったといえる。江戸幕府が中央集権国家であったとはいえ、近代の明治国家とは大きく異なって、はるかに地方分権的なものであり、「近世の村は政治的には都市に従属した存在であった」（原田11頁）側面を有しているとはいえ、本質的には農村の自立・自治は連続してあったと理解していいのではないか。むしろ江戸時代になって兵農分離により、村落共同体は自治・自立すべき存在として明確化されるようになったことがきわめて重要であるように考えられる。

今、アベノミクスによって市場化・自由化、グローバル化がさらに徹底されようとしており、そこにあるのは無限の成長を追いかけるＧＤＰ信仰と弱肉強食の競争原理であり、温故知新を無視しての、地域コミュニティをはじめとする、かろうじて受け継がれ残されてきた貴重な財産の破壊でしかない。

レイドロー報告の洞察

ローマクラブの「成長の限界」をはじめとして成長経済一辺倒の世界に対して、既にたくさんの警鐘が発せられている。その一つとして鋭い洞察の下に簡潔ながらも実に的確に時代の本質をとらえているのが、１９８０年にＩＣＡ（国際協同組合同盟）で行われたレイドロー報告である。「１９５０年代は期待が膨らむ時代であった」「１９６０年代は未曾有の成長と、とどまることを知らないほどの発展の10年間となった」「期待は打ち砕かれ、夢は破れるという70年代となった」「１９８０年大会は不吉な前兆のさなかに開かれることになる。人類はその歴史の分岐点あるいは転換点に差し掛かっている」「80年代に入って、いままでの古い港に停泊していた船の錨が切り離され、不確実性という大洋の中を漂うような気持ちを人々はいだくであろう。……協同組合こそが正気の島になるように努めなければならない」。この歴史認識が示している分岐点・転換点は、ドルの金との兌換《だかん》が停止され、いくらでも輪転機でドルを印刷することができるようになったことをさしているものと理解される。金と貨幣が切り離され、実物経済から金融が遊離することによって金融資本主義が生み出されることになり、しかもその後の情報革命によってこれが巨大化し世界を席巻すると同時に、いつ暴発するともかぎらない膨れ上がる一方のバブルという亡霊を抱え込むに至っている。

レイドロー報告にあるとおり、それだけに「不確実性という大洋」の中で羅針盤となり、「正気の島」として期待されるのが協同組合である。ロッチデールに端を発する協同組合は資本主義の〝横暴〟に対抗して、自らの暮らし・生産を自らが協同して守っていくところに発生した。協同活動があるからこそ資本主義社会のバランスがかろうじて保たれているのであり、協同活動なくして資本主義の〝暴走〟をとどめることは難しい。市場原理・競争原理を強めるほどにその役割発揮が期待されるのが協同組合である、というのが世界の〝常識〟であり、国連も２０１２年を国際協同組合年として協同組合運動の推進をはかっている。

こうした情勢の中、わが国では規制改革の象徴として農協改革が持ち出され、着々と農協つぶし、協同組合つぶしが進行している。２０１４年の農協法改正で、農協の目的にあった「非営利法人」としての位置づけは消されて、「所得の増大」に換骨奪胎されている。市場原理を徹底させるばかりの農協改革であり、そこには協同活動に対する敬意や尊重のかけらもない。そもそも協同組合は資本主義の〝横暴〟に対抗して、自らの暮らし・生産を自らが協同して守っていくところに発生した。協同活動があるからこそ資本主義社会のバランスがかろうじて保たれているのであり、市場原理・競争原理を強めるほどにその役割発揮が期待されるのが協同組合である。もちろん、農協、協同組合もたくさんの問題を抱えていることは確かであり、見直しが必要であることは間違いないが、それは市場原理を徹底させるところにあるのではなく、むしろ「正気の島」としての役割を果たしていくところにこそある。

改めて基本とすべきは家庭・地域の自立であり、地域循環や消費者との提携の創出である。輸出等によるグローバル化への対応以上に、ローカルでの取り組みを強化していくことが肝心であり、ここにこそ自己改革の足場が置かれなくてはならない。「強い農業の実現」「農家所得の向上」は結果であって、協同活動の目的ではない。協同活動は地域づくり、生きがい、幸せ等、金目に換算できない本来的な価値を実現していくための運動である。

ここで注目しておきたいのが韓国の動きである。国際協同組合年である2012年に、わが国では協同組合憲章の制定を主とする取り組みに終始した感があるのに対して、韓国は協同組合基本法を成立させている。出資金に関係なく5名以上で設立可能にするなど協同組合の自由な設立の道を開くとともに、非営利目的の社会的協同組合に代表される多様な協同組合を生み出していくために協同組合法制の現代的な整備をはかった。これによって既存の社会的企業や非営利団体等が行う社会的な目的を実現する事業を協同組合として展開できるようになった。

これにともなってソウル市は「協同組合都市」を宣言するとともに、光州市長は「社会的経済モデル都市の育成」を公約にして当選したとされる。また多種多彩な協同組合が設けられるようになり、活発な活動が広がりつつあると言われている。

韓国は日本以上に市場原理主義とグローバル化に振り回されてきた歴史を持つが、それだからこそ「市民の底力がつくる互助の社会」の創造をめざして協同組合の再評価とその抜本的見直しが行われたのではないか。その後の推移を確認しておくことが必要ではあるが、市場原理を徹底する日本とはまったく逆のベクトルで協同組合の位置づけがなされ、運動は盛り上がりを見せているとされる。

資本の暴走によって経済はもとより暮らしに至るまで問題は噴出している。地域での協同活動を積み上げていくことによって資本の行き過ぎを正していく、これこそが協同組合の使命ではないか。農協つぶしなど論外だ。むしろ農協が本来的な活動に注力するよう叱咤激励することこそが必要だ、と考える。

協同労働への取り組み

こうした中、注目しておきたいのが協同労働の法制化をめぐる動きである。出資と労働と経営を一体化させたところに協同労働の要諦《ようてい》がある。農協をはじめとする既存の協同組合は、組合員が出資し協同組合を設立することによって、組合員は組合員の意向に対応したサービスを事業として提供する協同組合を利用する。購買事業、信用事業にしても、経営は組合員の代表が行ってはいるが、そこで働いているのは職員である。これに対して協同労働は、出資と労働と経営とを一体化させたものであり、これを協同組合として運営していく。協同労働の協同組合原則には、「雇われるのではなく、主体者として、協同・連帯して働く「協同労働」という世界。一人ひとりが主人公となる事業体をつくり、生活と地域の必要・困難を、働くことにつなげ、みんなで出資し、民主的に経営し、責任を分かち合う。そんな新しい働き方だ」とある。わが国の協同組合は、農協法をはじめとして個別の協同組合法を根拠にしてきたが、協同労働の協同組合は根拠法がなく、法的には認知を得られずにきた。その法制化をめざしての運動が20年この方続けられてきた経過がある。

介護・福祉関連、子育て関連、公共施設運営、若者・困窮者支援等を中心に多様な業務が展開されている。センター事業団や地域労協等を含めた事業高は335億円、就労者は1万3420人（2016年度）。協同組合運動の柱の一つとして存在感を高めている。

また、こうした流れとは別途に協同労働に取り組んできたのがワーカーズ・コレクティブである。ワーカーズ・コレクティブは、生協の組合員自身が出資・労働・経営を一体化させた取り組みによって、店舗運営や配送等の生協の業務委託を皮切りに、家事援助・介護、子育て支援、弁当・食事サービス等々を展開してきた。協同労働という仕組みを使って、組合員自らが「まちに必要な機能を事業化」しているもので、主婦を中心とした組合員の雇用の場の創出にもつながっている。生活クラブ生協が先鞭をつけ、他の生協にも広がってきているが、その取り組みのきっかけとなったのが1980年のモスクワ大会で行われたレイドロー報告だという。

レイドロー報告で四つの優先分野としてあげられた中の、生産的労働のための協同組合と協同組合地域社会の建設を踏まえて編み出され、実践に取り組んできたものである。生協の機能だけではカバーしきれない地域の多様なニーズに、生協と一体となりつつも組合員自らが当事者となって起業し、出資・労働・経営を一体化させた協同労働を展開し、「協同組合地域社会」の創出にも大きく寄与している。

ここで大事なポイントとなっているのが「協同組合内協同」である。協同組合間提携も大事であるが、同時に大きくなった協同組合の中に、〝小さな協同〟のための活動を組み込んでいくことによって、身近なところからの「協同組合地域社会」へのアプローチ能力を格段に高めている。

こうした取り組みを見ていると、農協の活動はまさに地域を基盤としているだけに協同労働との親和性は高いと見る。農協では婦人部や各種部会等の多様な活動が展開されているが、改めて協同労働という仕組みを活用していくことによって、組合員がより主体性を持って活動展開をはかり、事業性を高め雇用の場を広げていくことも可能だ。そして現下の最重要課題である担い手の確保のカギを握っているのが集落営農であり、ここに協同労働の仕組みを導入していくことはできないものであろうか。地域コミュニティの再生をはかるだけでなく、外部からの新規就農者の受け皿とすることも可能である。

協同労働は農協が自己改革を進めていくうえで、大きなエネルギーを注入してくれる新たな武器ともなるように考えられる。ともあれ、今、日本の協同組合に求められるのは事業のあり方の見直しと併行して、まずは誇りを取り戻していくこと、そして世の中が求めている協同とは何かを問い直していくことではないだろうか。

不屈の魂と行動の人・賀川豊彦

協同組合は時代、情勢の変化に対応して多様かつ多次元にわたる活動展開が求められているが、ここで改めて注目しておきたいのが賀川豊彦（1888〜1960年）である。2010年は、賀川が神戸葺合《ふきあい》新川《しんかわ》の貧民窟に入って活動を開始して100年ということで「賀川豊彦献身100年記念事業」としてシンポジウムをはじめとしてさまざまなイベントが開かれた。また国連によるＳＤＧｓ(Sustainable Development Goals：「持続可能な開発目標」)の推進にともない、賀川豊彦に学ぶことによってこれへの取り組みを強化しようとの働きかけも行われているとともに、２０１８年は生誕１３０周年にあたるとしてその記念行事を開催している。今、なぜ、賀川豊彦なのか。そして賀川に何を学ぶのか。これを探ってみることが協同の時代にしていくために示唆するところが大きいということなのであろう。

生活に即した運動の源

評論家の大宅壮一は賀川豊彦について次のように語っている(賀川豊彦記念・松沢資料館の資料より)。「明治、大正、昭和の三代を通じて、日本民族に最も大きな影響を与えた人物ベストテンを選んだ場合、その中に必ず入るのは賀川豊彦である。ベストスリーに入るかもしれない」として、西郷隆盛、伊藤博文、乃木希典《まれすけ》、夏目漱石、湯川秀樹等の名前をあげながらも、その仕事の範囲はそう広くない。ところが賀川豊彦についてはその影響が現代文化のあらゆる分野に及んでいるとして、「大衆の生活に即した新しい政治運動、社会運動、組合運動、農民運動、協同組合運動など、およそ運動という名のつくものの大部分は、賀川豊彦に源を発していると云っても、決して云いすぎではない」とまで述べ、最大限の賛辞をおくっている。

その賀川は１９５４年から３年連続してノーベル平和賞候補者として推薦されており、さらには

『死線を越えて』や『乳と蜜の流る、郷』等の作品で１９４７、48年にはノーベル文学賞候補としても推薦されるなど、破格の人物であるとともに、けた外れの功績を残したことは確かである。そこで今こそ賀川に学べ、と盛んに強調されているわけであるが、その賀川の思想やその核心については必ずしも明確にはされないままに議論だけが交わされているというのが率直な印象である。これもあって賀川の人物像なり、賀川の思想等について改めて確認しておく必要性を痛感してはいたものの、なかなかそれができずにここまできてしまったというのが正直なところである。今回、ちょうどいい機会と考え、賀川関連の著作等に目をとおしてみたわけであるが、そこで強く感じたことを二つに集約して記しておきたい。

その前に賀川の活動や経歴等について確認しておく必要があろう。それこそ多岐にわたって超人的に活発な活動を展開しており、ここで十分取り上げるだけのスペースもないが、ごく基本的なところだけあげておく。

１８８８年に神戸市で生まれたが、両親が早く亡くなって5歳の時に徳島の本家に引き取られ、徳島で成長する。その賀川家も破産して叔父に引き取られるが、この頃、キリスト教に出会い洗礼を受けることになる。伝道者を志して東京にある明治学院高等部神学科に入学、卒業後、神戸神学校に入学。信仰についての煩悶と結核に苦しみながら、１９０９年に神戸・貧民窟（スラム街）での路傍伝道を開始する。14年にアメリカのプリンストン神学校に留学。17年に帰国して、貧困問題を解決するために労働組合運動に取り組むようになる。

そこから労働組合運動、農民運動、協同組合運動、平和運動等にまで活動を広げていく。協同組合運動としては19年に大阪購買組合共益社、20年に神戸購買組合を設立したのを手始めに、東京学生消費組合、江東学生消費組合、中ノ郷質庫信用組合、東京医療利用購買等を創設するとともに、日本協同組合同盟をはじめとして協同組合運動の先頭に立って旗振りを続けてきた。1960年に72歳で没している。

思想の核心にあるもの

強く感じた一つは、賀川の思想の核心にあるものは何か、である。12歳の時に宣教師から英語を習うようになったが、これをきっかけにキリスト教に触れ聖書を読むようになった。賀川は4歳の時に父を、5歳の時に母を失い、引き取られた賀川の本家も15歳の時に破産。叔父の家に移ることになったが、叔父からは賀川が聖書に親しむことを厭われるなど、自伝的小説ともいわれる『死線を越えて』をも重ねて読むと、幼い時から辛酸苦汁を舐め尽くすような生活を余儀なくされ、精神的にきつい環境下で育ってきたといえる。叔父に対する反発も一助となってか、中学時代に受洗し、伝道の途を歩き始めることになり、キリスト教の信仰が賀川を導いていったものと理解される。一方では神学校時代には信仰に対する懐疑もあって煩悶していたともいわれ、やがて貧民窟に入って生活し伝道を始めることになる。おそらくは信仰と行動の関係について悩み、そうする中で行動あってこその信仰であるとの確信を得て貧民窟での伝道に踏み切ったのではなかろうか。そして「賀川が貧民窟の美徳としてもっとも強調したものは、相互扶助であった」（隅谷22頁）といわれるように、そこで相互扶助している現場に出会ったものと推測される。どんなに貧しくても、あるいは貧しいからこそ相互扶助することによってともに生きていく、協同することによって発揮される大きな力を、それこそ間近なところで身をもって実感したのではないかと思料される。

賀川は『友愛の政治経済学』で、「一部の人々に富が集中し一般大衆は貧困状態におかれている」として資本主義社会を厳しく批判する一方で、「協同組合は貧困の防止と軽減、個人への資本集中の防止という目的を持つ」として協同組合の意義を強調している。すなわち賀川は自らの考えを「主観経済学」と称して、「精神と物質の二元論を拒否し、人間存在を生命＝人格の一元において、物質的存在と精神的存在との統一として、とらえようとした」（隅谷23～24頁）。このため自由主義でもなく、統制経済でもなく、第三の道として相互扶助による「協同組合社会」をめざすことになったといえる。

その意味では賀川は当時の社会が抱える最大問題を資本主義の中の貧困（貧民）問題ととらえ、これに徹底的にこだわるとともに、貧困から脱却していくためには「暴力革命、直接行動主義」ではなく、貧しい者たちが持つ協同の力を発揮していくしかない、というのが賀川の思想の骨格をなしているように思われる。あくまで土台にはキリスト教があり、信仰は行動あってこそのものであって、信仰と社会運動を一体としてとらえる中で、身をもって貧民窟で学んだ相互扶助とキリスト教精神が接合されることによって、協同組合についての確信が得られるようになったのではないか。

二つ目は、賀川は決して成功者として、偉人として位置づけるのが適切ではない、必ずしも成功者であるだけとは言い切れない、そしてむしろ忘却されていた存在であり、これが時代の変化とともに〝復活〟しつつあるものとして受け止めるべきではないかということである。

賀川は労働運動を、愛を動機とする「人格の建設運動」としてとらえ、無抵抗主義や議会主義を唱えたものの、急進的発想、暴力的方法を訴える勢力の台頭によって影響力を失うことになり、労働運動から農民運動に関心を移す。農民運動も、互助と友愛の精神を重視して、日本農民組合綱領を１９２２年の創立大会で通過させた。25年には農民労働党を結成したが、左翼の進出によって分裂して、賀川も脱退し、社会民衆党が生まれ、農民組合も分裂した。賀川はこういった運動が「人間愛」の基調から分離していくことに幻滅して、全国的な超宗教的なキリスト教伝道運動である「神の国」運動に傾注するとともに、他方で「愛と相互扶助」の指針にもとづく協同組合運動を展開することになる（隅谷２４０〜２４１頁）。すなわち救貧運動→労働運動→農民運動→協同組合運動という変遷の歴史を歩んだもので、信仰と社会運動との結びつきについてもキリスト教会は批判的であり、賀川の思想は日本のキリスト教会でも受け入れられなかった（隅谷２０３頁）。隅谷はこの最大の理由を、「かれの思想と発想が、時代の主流とずれた」（隅谷２０４頁）ところにあるとしている。賀川は常に王道を歩いてきたわけではなく、協同組合運動の創始者としてよく知られるものの、貧困対策に徹底的にこだわる中で労働運動、農民運動等に取り組み、結果的に相互扶助をベースとする協同組合運動に改めてたどり着き、ここに最も力点を置くことになったことはしっかりと踏まえておくべき大事なポイ

近所の子どもたちと（左から二人目が賀川。神戸の貧民街にて）

ントであり、ここに不屈の精神を見て取ることができる。

貧困問題などへの取り組み

こうした賀川の思想や行動から考えさせられるいくつかをあげておけば、賀川が最もこだわりを持ち続けたのは貧困（貧民）問題であった。今、この貧困（貧民）問題をどう理解し、取り組んでいくかである。確かに経済成長を踏まえて物質的には豊かにはなったものの、依然として満たされずにいる。あるいはますます満たされなくなっている問題は多いのではないか。また全体として物質的に豊かになったとはいっても、格差は広がる一方であることも確かである。そうした意味ではSDGs等とも関連してくる必然性があるともいえる。

第二に、賀川が撤退なり遠ざかることになった政治をはじめとして問題・課題は多いが、賀川による時代を超えた本質的な主張がここには存在した。これが種となって大きく育ち、花を開いたものもある。種をまかずして花は咲かない。その意味では行動、実践がきわめて大事だということでもある。確かに賀川は〝man of personality〟、個性的、性格の強い人物であったとされているが、何よりも行動の人であり、思想と行動が一体になった人であったといえる。関連して賀川が自らを評して、自分は詩人であると言っているのもおもしろく、熱情的で直観的に物事をとらえ判断するタイプでもあったのであろう。

第三に、本書との関係で取り上げておくべきは賀川が農民の生活を改善し農村を救うために「立体農業」を提唱したことである。中山間地が多い日本ではクルミ、クリ、ドングリ等の実のなる樹木をたくさん植えるとともに、これを食料としてだけでなく飼料として鶏、兎、ヤギ、羊等の家畜に供給し、さらには草花を栽培すると同時にミツバチをも飼育する。立体農業の本質の一つは日本の自然条件を生かしていくところにあり、適地適作、多品種少量生産によってまさに「乳と蜜の流るゝ郷」を実現していこうとするものである。そしてもう一つの本質は循環型で持続的な農業であるとともに自給的な農業であるところにある。小農・家族経営の実践的なあり方を示したもので、今日でも貴重かつ強い説得力を持つ。

そして第四が、賀川が最後に最も力を入れて取り組むことになったのが政治運動等ではなく、協同組合運動であったのは必然性があったのではないかということである。協同組合運動が政治運動等のような理論闘争というよりは、日常の生活に密着した具体的な事業への取り組みであったからこそではないか。政治運動等も重要ではあるが、協同組合運動によって実際に現場を動かし、変えていくことが大事であり、協同組合運動が大きな役割を果たしうる能力を有していることを示していると見ることもできるように思われる。

協同と相互扶助

こうした賀川の奮闘ぶりと協同組合の現状を重ね合わせてみる時に留意を要するのが、賀川が「組合運動をやる度に思うことであるが、宗教がなければ、決して真の組合運動が出来ない」（『身辺雑記』）と述べていることである。賀川の考える協同組合運動はキリスト教信仰を土台としたものであり、兄弟愛の実践として位置づけられているように理解されるが、これからすればわが国における協同組合運動の発展にはおのずと限界があるということにもなる。しかしながら一方で賀川は「ユダヤ民族によって信じられた天地創造の話は、土は神のものであるという思想である。神は土から人間をつくり給ふた。……我々は、いくら偉そうにしても、土から生まれ土に帰るのである」（『農村更生と精神更生』）とも語っている。これを見る限りは一神教と多神教の違いは大きいとはいえ、自然神、太陽と土と水を大切にしてきた日本人の伝統的な物の見方、生き方と根っこには共通したものが含まれていると理解することも可能であろう。

そもそも人間は万能ではなく、己の分をわきまえ知るとともに、人間は自然の恵み、太陽と土と水によって生かされているという事実の前に素直になることのできる存在なのではないか。少なくも、いろいろの認識を持ちながらも、本来、こうした認識をも潜在的には有している存在であるように思う。であるが故に、キリスト教信仰の有無に関係なく、人間は貧しくても、あるいは貧しいからこそ助け合って生きていく、相互扶助していくことができる可能性を持つのであって、こうした本性をうまく引き出すことによって新田開発を成功させたのが川崎平右衛門である。そして何よりも賀川その人が貧民窟で生活することによって発見したものこそが、貧民窟が持つ相互扶助という美徳であった。むしろ賀川は行動あってこそ本物の信仰であるとの確信を有していたことからすれば、「宗教」という言葉によって賀川が強調しようとしたのは神に対する信仰の本質は「己の貧しさを知れ」というところにあり、これを本物にしていくものこそが行動であるととらえていたのではないだろうか。

その弱い貧しい人間が協同し、相互扶助することによって、経済的のみならず精神的・文化的な貧しさから脱却していくところに、協同組合運動の光を見いだしていたのではないかと考える。

第５章

Agro-society

貧しいけれど豊かな国キューバ

小学校に掲げられた写真（左からフィデル・カストロ、チェ・ゲバラ、ホセ・マルティ）

興味が尽きない国キューバ

これまで農業の現場を訪ねて、いくつもの国に足を運んできた。ブラジルの肉用牛肥育農場では、見える範囲はみな当農場の農地だという話に驚かされた。農場内には滑走路があって、農場主は週1回、自家用ジェットで乗りつける。働いているのは移民を含めた労働者ばかりで、そこには地域コミュニティなどは存在しようもない。

そうした一方、ブルガリアでは自給用の農場を基本とし、余力のある人が出荷・販売用の農業を受け持つ。昼時になると農夫たちは自家製のワインを持ち寄って談笑しながら食事をする。彼らの満ち足りた顔と地域に今も息づいている歌や踊りをはじめとする文化や伝統に感激したことも忘れがたい。こうしたブルガリアのような国とも異なって、温もりやシンパシーのようなものを感じると同時に、農業に加えて経済、さらには国のあり方も含めて考えさせられたのがキューバである。キューバでの国づくり等は、決して想定どおりに円滑に進行しているわけではないが、国単位で自給的経済の構築に向けて社会構造、産業構造の再編が進められつつある。

キューバがめざす国づくりは、ホセ・マルティの理念に沿ったものであり、「人間は自由な存在である」ところにマルティの思想の核心はある。日本で発行されているマルティに関する文献・資料が少ないこともあって「人間は自由な存在である」とするその内容について十分に把握することはかなわず、農的社会との比較等を行うことは困難である。しかし資本主義でもなく、また旧来型の社会主義とも異なる第三の道を模索しながら、自給的で循環型の国づくりに取り組んでおり、示唆するところは少なくないことから、農業を中心にキューバの歴史等も踏まえながら現状と取り組み方向等について紹介してみたい。

キューバには2017年2月末から3月上旬にかけて訪問した。2月27日に日本を出発してメキシコ・シティ経由でキューバを往復、3月9日に帰国した。したがってキューバでは8泊したのみのごく短期での訪問である。日本からの生物環境学者たちによる別途調査が本格化する前の1週間を、農業や教育関係の視察等に当ててくれたツアーに参画した。カリブ海に浮かぶラテン音楽とサルサの島という観光・文化的興味に加えて、都市農業や有機農業の大国と喧伝《けんでん》されてもおり、キューバは長年にわたって是非とも訪れてみたい国であり続けてきた。

これに加えてフィデル・カストロによって革命政権が樹立されただけでなく、1990年前後にはほとんどの社会主義国がソ連の崩壊とともに体制転換なり混乱を招く中で、独自の路線を歩みながら独立を保ち続け立ち直ってきたことに感銘すら覚える。そのキューバは、2015年7月20日、アメリカとの国交を回復するに至った。さらに18年3月、ラウル・カストロが国家評議会議長の座を革命後世代に移譲し、フィデル・カストロ以来のカストロ時代の幕を閉じた。アメリカ資本による攻勢が必至である中、その政治性・社会性や経済実態、そして今後の行方も含めて興味・関心は尽きない。

ところで、事前にアポをとることが難しく、現場の訪問先が限られるとともに、少ない日数でキューバ本島の西半分しか見ることができなかった。しかも資料・文献が乏しいうえに、統計数値の入手が難しいことから、断片的な調査メモ、印象記のレベルにとどまらざるをえないことをあらかじめお断りしておく。

大国に翻弄・蹂躙されてきた歴史

キューバは人口が１１００万人、国土面積は１０９８万ha、東西に横長の本島は日本の本州の約半分の小さな国である。

そのキューバは、１４９２年にコロンブスによって発見され、１５１１年のベラスケスによる征服によってスペインの植民地となり、強制労働や疫病、虐殺等によって原住民であるインディオの約90%がなくなり、インディオはほとんど消滅したとされる。そして砂糖産業の発展に必要とされる労働力はアフリカからの奴隷によって賄われるなど、悲惨な歴史を持つ。スペインの植民地時代が約４００年続き、１９０２年にキューバ共和国として独立を果たしはしたものの、その後もアメリカそしてソ連による支配は続いた。このようにソ連が解体する１９９１年までの５００年近い間、大国への従属を強制され、経済も何もかも振り回されてきた。すなわちプランテーションによるサトウキビ栽培と砂糖生産・輸出が農業はもちろん、産業の中心であり、食料はもっぱら海外に依存するという特異な産業構造、農業・食料需給構造を余儀なくされてきた。それがソ連の解体によって否が応でも真の独立をめざすしかなくなった中で、キューバは必死で変わり生き残りをはかってきたといえる。

20世紀後半の動きをもう少し具体的に述べておけば、フィデル・カストロ等による「グランマ号」に乗ってのキューバ上陸と、これに続く2年あまりのマエストラ山脈を拠点にしてのゲリラ闘争を経てアメリカの支配から脱し、１９５９年に革命政権を樹立した。フィデル・カストロは経済の多角化と農業の多角化が必要であるとして、革命直後の59年に、アメリカの砂糖会社が所有していた農地を接収して、小作人や農業労働者への分与を進める第一次農業改革を実施した。ところが61年のプラヤ・ヒロン侵攻事件（アメリカはキューバとの外交関係断絶を発表後、キューバ全土の空港や病院等の公的施設を空爆するとともに、アメリカの軍艦に守られた１５００人の傭兵からなる反革命軍がプラヤ・ヒロンから上陸。結局はキューバ軍に掃討され革命政府の転覆に失敗）、62年のアメリカによる輸出入全面禁止、そして核戦争の脅威に世界中を震撼させた「キューバ危機」の発生を踏まえて、63年にソ連との貿易協定締結によってソ連圏へ加入する。これにともなって63年に第二次農業改革を打ち出し、砂糖を武器にしての経済建設を実現していくため、農業生産を国家のコントロール下に置き、大規模な国営農場の建設を進め、大規模化・近代化を推進してきた。

それが１９９０年に、石油をはじめとしてソ連・東欧諸国からの輸入が激減したことから、キューバ政府は「平和時の非常時 special period」を宣言し、食料品の配給品目を拡大するなどの分配の平等性を強化しながら、各種の緊縮政策が打ち出されることになった。そして91年10月の第４回共産党大会で、多角的国際関係の樹立、外資の導入とあわせて、食料の国産化、有機農業への転換、国内資源を活用した産業発展（バイオマス等）などによる自給的経済への発展をめざして構造を再編していくことが打ち出された。そうした中で、家族経営、小農経営を重視しようとする動きが出ていることにも注目しておきたい。

誤った「世界一の有機農業大国」「都市農業で自給」

先に有機農業、都市農業について触れておきたい。わが国では、吉田太郎著『200万都市が有機野菜で自給できるわけ――都市農業大国キューバ・レポート』等による影響が大きく、キューバ農業といえば「世界一の有機農業大国」「都市農業で自給」のイメージが刷り込まれてきた。本書のとおり大規模農業、近代化農業とはまったくベクトルの異なる方向を歩みながら、都市農業や有機農業によって相当程度に「自給・自立」が実現されているというのであれば、大規模化志向、近代化志向にまっしぐらの日本農政のあり方を問う大きな力にもなりうるとの期待を抱かせるものであった。

しかしながら首都ハバナの中心部で農業の現場を見かけることはまったくできなかった。1990年に端を発する「経済危機」直後の空き地や花壇等を活用して野菜等を生産し、少しでも自給していくことを余儀なくされたであろう状況は一変し、その後の経済回復にともなって農地は転用されて建物等が設けられたものと推測される。経済危機発生にともない国民の大々的な帰農運動が発生して、都市農業が広まり自給度向上がはかられたようではあるが、帰農運動の中心は日本でいえば都市農業というよりは都市近郊農業であり、キューバにおける都市農業の定義を十分には考慮せずに情報発信されてきたことが、誤解に拍車をかけることになったのではないかと思われる。

またほとんどは有機農業で行われているように受け止められてきたが、やはり経済危機によって化学肥料・農薬の輸入がほとんどストップしてしまったことから、結果的に無化学肥料・無農薬による有機農業が行われたというのが実情で、化学肥料や農薬が出回るようになって元に復したものが多く、意識的に有機農業に取り組んでいるのは一部にとどまっている。いずれにしても有機農業についての統計はなく、その実態は不明であるとともに、有機表示して販売されている農産物を見かけることはなく、何人もの農家や消費者に話を聞くことはできたものの、総じて関心は低い。しかしながら一部とはいえ有機農業に取り組んでいる農家がいることは確かであり、コンポストによる堆肥づくりとその農地への還元、雨による土壌の流亡を抑えるためブロックや板で囲み、その中に土と堆肥を混合して野菜等を栽培するオルガノポニコというキューバ独特の手法が活用されてもいることは事実である。

帰農運動と小農重視

むしろここで肝心なのは、未曾有の食料危機の中で、大規模な帰農運動が展開され、都市住民自らが自給に努め食料を確保してきたという事実である。これがベースとなって、帰農した人たちの中には都市近郊で小規模農家となって農業を継続している人も多く、都市で消費される野菜・果実の約70%が都市近郊で生産されているとの情報もあり、都市近郊での小規模農業が都市住民の食卓をしっかりと支えているようにうかがえる。しかも、女性や35歳以下の若者が多く、最低でも平均所得に匹敵するだけの収入を獲得しているともされ、貴重な就労の場を提供している。都市農業というよりは小農による都市近郊農業を重視した農業再編が行われつつあるものとしての見直し・再評価が必要なようだ。

２００８年には国内生産をさらに増加させて輸入を削減するため、遊休国有地の利用権を意欲ある農業者に付与して活用させる「政令59」号が発令され、09年には11万件の申請があり、うち８万件が承認されて、69万haもの農地が流動化されたとの紹介もある。さらに12年10月末までに17・２万人に対し約１５０万haの農地が引き渡され、新規就農者の増加を後押ししていくことが打ち出されている。

度重なる歴史的試練を乗り越えてきたが故に、今、キューバがめざす「理想主義社会」は持続的な自給的経済であり、その柱の一つとなるのが小規模経営、小農による農業というのは、地球の未来に向けてきわめて重大なメッセージを含んでいるように思われてならない。

キューバは、スペインの植民地、アメリカによる支配、そしてソ連経済圏への編入と、国際的な分業経済の中に組み込まれ、その農業は自らが必要とする食料の生産ではなく、サトウキビという輸出品に特化した農業が展開されてきた。雇用労働力と大型農業機械による大規模な農業が繰り広げられ、国民が必要とする食料は全面的に海外に依存するという究極の近代化農業が展開されてきた。

それが先に見たように1991年の共産党大会で、食料の国産化、有機農業への転換などを含む自給的経済への発展をめざし、実態的には有機農業、都市農業というよりは小農による都市近郊農業を重視した農業再編が進められてきた。

こうしたキューバの動向は、大国による支配という歴史に翻弄されてきたキューバであるが故の大きな振幅であるともいえるが、第2章で見たように、世界的には農業の大規模化・近代化が進められている一方で、小規模・家族農業の見直し機運が盛り上がっていることもあり、キューバの動向には注目を要する。

社会主義とホセ・マルティの思想

ところでキューバが社会主義革命への転換を宣言することになったのは、1961年のアメリカが革命政府の転覆をはかったプラヤ・ヒロン侵攻事件の発生による。アメリカ系資産の接収により国有部門が多くを占めるようになって計画経済が可能になったということもあるが、あくまでアメリカと対峙していくために、社会主義を選択したといえる。

フィデル・カストロをはじめとする革命政権の考え方は、社会主義体制は「理想主義社会」を実現していくための手段ではあっても目標ではない、ということを基本とする。理想としたものは189

5年の第二次独立戦争で凶弾に倒れたホセ・マルティの思想に置かれており、マルティの思想の核心は「人間は自由な存在である」というところにある。そして「自由は為すものであり、為されたものではない。過程であり、結果ではない」ともし、「マルティは、自由は『そこにあるもの』ではなく、『実現すべきもの』であるとした」。この背景に、500年近くにわたって大国への従属を余儀なくされてきた歴史があることを見落とすわけにはいかない。こうして「マルティ主義にもとづく理想主義社会と、『社会主義から共産主義へ』というマルクスの理論を融合させた」「キューバ風共産主義」が追求されるようになったのである。

ソ連化からの脱却

アメリカとの関係断絶の後の経過について改めて確認しておけば、1963年にはソ連との貿易協定が結ばれ、キューバ政府はソ連圏からの穀物やその他の食料と交換するため、革命政権以前から行われてきた砂糖や柑橘類の生産を極度に重視した「単一輸出作物」に依存する、いわゆるモノカルチュア経済の選択を余儀なくされる。

その結果、70年代には過度の国有化が進み、市場メカニズムがほとんど機能しない中央指令型の計画経済ができあがることになった。その後80年代末に経済は停滞し、こうした中央指令型の経済モデルは、より一層の経済発展のための足かせとなっていく。

1990年の「平和時の非常時」宣言、91年の共産党大会を経て、94年には、外国資本の誘致、各種自営業の拡大、国営農場の協同組合生産基礎単位（ＵＢＰＣ）への改編、農産物および工業製品の自由市場の創設、飲食自営業の承認、銀行制度改革、税制改革、企業改革などの一連の構造改革が推進されるなど、生産を増強するため市場機能を導入した数々の経済改革が実行されてきた。

さらに２００８年以降は規制緩和も推し進められ、外国人観光客を対象にした飲食店や宿泊施設、地元客向けの物販やサービス業等も登場するなど、自営業者の増加は顕著で、２０１５年末には就業人口のほぼ10％を占めるに至っている。あわせて中小企業を解禁する方針を示すなど、自由化が浸透・定着しつつある。

食料の基本は配給

キューバ国民の暮らしぶりが大事なところであり関心が持たれるところでもあるが、ここでは食料、教育を重点に見ておくことにしたい。

食料供給の基本は配給による。配給制度は社会主義国家を宣言して間もなくの１９６２年にスタートさせており、安い価格で基礎的食料が供給されている。いずれ廃止されることにはなっているそうだが、まだ配給制度は継続されている。家族単位で発行された配給手帳を持って国営市場に出かけて購入する仕組みとなっており、われわれが訪問したハバナ市内の国営市場では主要食料品である米、豆、黒豆、白砂糖、黒砂糖、スパゲティ、塩、卵、ミンチ肉、鶏肉、乳児用食品（ミルク、ヨーグルト、肉）が供給されていた。供給される量は白砂糖が4パック（1パック＝1・8㎏）／人・月、黒砂糖1パック／人・月、塩1パック（1パック＝1kg）／3か月・家族、黒豆10オンス／人・月、スパゲティ1パック／人（ある時だけ）、コーヒー1パック／人・月等となっていた。自治体によって供給される量や種類は異なるようであるが、おおむね必要量の20日分程度が供給されている。

配給だけでは足らない分、さらには配給の対象にならない野菜等の農産物は、国営市場や、公営あるいは小農や協同組合が出荷・販売する自由市場で購入することになる。「配給を通じて一人当たり月間食料消費量の40～60％が、政府の補助金を受けて、市価の10～5分の1程度の価格で（1ケ月の配給食糧合計額は一人当たり26～38ペソ程度）配給されている。国民は、この毎月の消費食料の不足分60～40％は、自由市場、闇市場で買わなければならない。……この配給食糧品の84％が輸入食料」（新藤）であるとされる。

配給によって最低限の食料は安く調達できるが、不足分については食料品価格が高いため、貧しい階層では食費が給与の70％にも及ぶともいわれる。

無償かつ高い教育水準

キューバは大学も含めた教育が無償化されていることはよく知られているが、その教育水準はきわめて高く、知的人材の派遣国家ともなっている。

キューバはOECD（経済協力開発機構）に加盟していないためPISA（学習到達度調査）には参加していないが、LLECE（ユネスコ・ラテンアメリカ学力評価研究所）が2006年に実施した「ラテンアメリカ学力国際比較調査」では群を抜いての1位。加えて男女間格差や都市部と農村部の格差が小さく、世界の教育関係者を驚かせた。

その理由としてあげられるのが、大学も含めたすべての教育の無償化と少人数学級である。このため公的教育費のGDP比率は12・9％、政府予算に占める教育費の比率は19・2％（いずれも2011年）と、わが国の3・8％、5・55％の3倍以上となる。

この背景にある教育理論についてである。今回、いっしょに参画した首都大学東京の宮下与兵衛特任教授のレポートによれば、キューバでは、ピアジェの理論を批判的に発展させた「発達の最近接領域」理論と呼ばれるヴィゴツキーの理論が導入されている。そのポイントは、IQ（知能指数）が固定して見た今の発達水準であるのに対して、〝明日〟の発達水準へと導くのは、他人と協同して問題解決をはかる取り組みにある、とする。グループ学習による教え合い・学び合いが基本となっており、自習も友だちの家に集まって、成績のいい生徒が悪い生徒の面倒を見るように仕組み化されているという。

こうして既に知的人材の分厚い層ができあがっており、中南米各国にたくさんの医師を派遣する等、国際貢献にも大きな役割を果たしている。

貧しいけれども豊かな国

マルクス・レーニン主義に傾きかけた理念を、改めてマルティ主義にもとづく新たな社会主義体制への方向づけがなされて現在に至っているというのが大きな流れとなる。ホセ・マルティが唱える「人間は自由な存在である」の裏には、先にも触れたとおり原住民の9割がスペインによる強制労働や疫病、虐殺等によって亡くなったとされ、砂糖産業の発展にともなって必要とされる労働力はアフリカからの奴隷によって賄われてきた悲惨な歴史、400年に及ぶスペインの植民地支配、これに続く半世紀にわたるアメリカ資本による支配という、450年もの間、抑圧されてきた歴史が横たわっている。その後もソ連経済圏の中に組み込まれて分業経済・モノカルチャー経済を余儀なくされてきた。これがソ連経済圏の崩壊にともなう「平和時の非常時」によって「自給・自立」の道を歩き始めるしかなかったともいえる。しかしながらその裏には中南米文化圏にある一員としての強い誇りが存在していることを見過ごすわけにはいかないであろう。今後、アメリカ資本の攻勢にさらされることはまず間違いなく、自立経済の確立が喫緊かつ最重要の課題であることは言うまでもない。

あわせて触れておきたい課題が国内で流通する通貨（CUP）と、外国人が使える通貨（CUC）が別建てとなっている二重通貨制度の解消である。同じキューバ・ペソでも1CUC＝25CUPと25倍もの貨幣価値に開きがあり、CUCが使えるところとCUPが使えるところはおおむね分かれ、CUCを持ってはいても使えない市場も多い。GDPに占める観光業のウェイトがとりわけ高いとされるキューバでは、タクシーや民泊等によって外貨で収入を獲得できる人たちとそうでない人たちとの所得格差は大きい。とはいえ現在の貿易収支構造のままでの二重通貨制度の解消は容易ではなく、頭の痛い課題となっている。

食料の基本は配給、教育費・医療費も無料、治安はよく、人柄も総じて明るく穏やかで、インテリも多い。同じ社会主義とはいえ、市場原理を大胆に取り入れての経済大国主義による中国とは大きく異なる。社会主義国家というだけでなく、〝貧しいけれども豊かな国〟としてキューバの存在感は大きい。キューバの行方には、今後とも目が離せない。

地球的意義を持つ日本のキューバとの連携

キューバがめざす社会そして農業は、自給的経済であり小農経営を重視した持続的循環型の農業であり、農的社会と共通するところは多く、日本のキューバへの注目と連携は、途上国をはじめとして自給的経済、持続的循環型農業をめざす国にとって示唆するところは大きいと考えられる。こうした視点も踏まえて、日本のキューバとの連携についていくつかの提言を付しておきたい。

第一が、キューバの経験・歴史を学んでいくことである。キューバほどに幾多の緊張と窮乏を乗り越えた経験を持つ国はない。この経験を学ぶとともに、キューバから世界を見ることによって新たな視点が与えられることは必至であり、今の日本は複眼的視点を持つことがまさに必要な状況にあるように思う。

第二に、ほんの少し前までのキューバ農業は大規模経営による単作農業が基本であり、多くは農業者というよりは農業労働者として農作業に従事してきた。小農経営の重要性が認識されるようになったのはようやく20世紀末になってからのことであり、小農経営の育成がキューバの大きな課題ともなっている。日本では小規模・零細の家族経営が農政からふるい落とされそうになってはいるが、まだまだ元気な小規模・零細の家族経営の農業者もいる。日本の小農経営の持つ技術・ノウハウ等をこれからのキューバの農業者の経営・自立に役に立てられることは少なくない。

第三に、キューバ経済の自立を進めていくと同時に小農経営の自立をはかっていくためには、地産地消を直売によって推進していくことが大きなポイントになってくるものと考える。これについての日本の経験やノウハウ等をキューバにも伝えていくことが必要なのではないか。

第四に、わが国で農協の市場化・自由化を促す、的外れの農協改革や自己改革が進められつつある一方、協同労働法の制定を求める動きが広がる等、協同組合や協同活動そのもののあり方を本質的に見直す動きも活発化している。日本とキューバとの間で、協同労働を軸にしながら小農経営の確保・育成や協同組合の生産性向上等についての研究交流をはかっていく意義は大きい。

そして第五に、こうした日本とキューバとの交流の強化・拡大をとおして、新大陸型の大規模農業ではなく、小農経営や国民皆農を発展させると同時に、協同労働も含めた協同活動のあり方をモデル化し、各国の自給度向上を応援していくことを提言したい。日本とキューバだからこそ、弱肉強食の農産物の貿易自由化に対抗して、各国が持つ食料主権を尊重し、各国の経済的自立を支援していくことができる。貴重な経験と歴史を持つ日本とキューバの交流と連携を強化し、食料安全保障の強化をつうじて各国の共生をはかり、世界平和をリードしていくことが期待される。

第6章

Agro-society

農のある場を足もとからひらく

モスクワ郊外にあるダーチャ

農的世界に目覚める

本書の基本的なねらいは農的社会を創造していくところにある。農的社会を発想するようになったきっかけなり、理由なりについて考えてみると、サラリーマンとしてビジネスに従事しながら、週末は山梨県で畑仕事というか百姓仕事をやり始めたという体験が大きい。30代の後半にもなると、ビジネスの世界の良し悪しや甘さと辛さ、全体像のようなものが見えてくるとともに、このままでいけばビジネスの世界での行き着く先もおおよそ見当がつくようになる。出世すること自体に特別な思いがあったわけでもなく、ある程度の収入は確保して生活を成り立たせて、家族を守っていければ十分で、これに関連して発生してくるさまざまな事態については淡々と受け止めるしかないと思ってはいたが、自分は本当のところ何を一番やりたいんだろうと改めて考えた時に思い浮かんだのが、農業であり百姓であった。

農作業を手伝う

母は仙台に嫁いだが、実家は愛知県豊橋市の郊外にある農家だ。カキを中心にブドウ、ナシ等の果樹が主で、豚や自給用に米や野菜もつくっている専業農家で、私が小学校に入る前は、母が結核で入院したりしていたこともあって、両親のいる仙台と豊橋を行ったり来たりを繰り返し、半分近くは母の実家で育った。小高い山を背にして家があり、その前の低地には何枚かの小さな水田が広がり、その向こうに「三角山」と通称していた文字どおり三角形をした山が鎮座していた。

裏の山のちょっと先にはお宮があり、山から流れ出る水が小川となって家の近くを流れ下り、食器や洗濯物の洗い場もあり、その小川は数百m先で用水と合流していた。よく農作業の手伝いをしながら果実やサトウキビなどにかぶりつき、従兄妹たちや近所の子どもたちとお宮等で走り回ったり、小川で小魚やカニ、さらにはウナギをとったり、用水で泳いだりと、まさに田舎の子として育ったといっていい。母の健康状態も回復して小学校からは仙台の学校に通ったが、夏休みともなればすぐに豊橋に出かけて、ぎりぎりまで滞在し、夏休みのほとんどは豊橋で過ごすのが常であった。

まさに私にとっての故郷は豊橋の母の実家ということになる。いずれリタイアでもしたら定年帰農について考えるつもりでいたところが、あるきっかけがあって今やってみようということになったものである。そのきっかけというのは、当時、私の上司であったO氏が、「自分はゴルフはうまくはないがスコアはいい。それはホールに確実に入れることのできる距離はパターで何十cm、そこまで寄せるのにはピッチングで何mならいける、そこまでは何番アイアンで何十mという具合に、ホールから逆算していく。したがって最初のティーショットはドライバーを使うとは決めていない。場合によってはピッチングでいくこともある」という話であった。私にとってゴルフは性に合わず、またうまくもないが、O氏の話を聞いて思ったのが、自分の人生にとってのホールは一体何なんだろう、そしてホールから逆算したら自分は今、何をするべきなのだろうか、ということであった。そこで私にとってのホールは農業であり百姓であることを明確にして農地を求めての行動を開始するに至ったのである。

加えてもう一つ、これに大きく絡んでくるのが横笛、篠笛であり、その師である鯉沼廣之先生の笛の音である。38歳の時となるが、月に1回の土曜休暇が始まった最初の日、10月4日に鎌倉の覚園寺で鯉沼廣之師の横笛演奏を聞いた。その音色を聞いた途端に、これこそが自分が追い求めていた音だと思い込んで、数日のうちに電話帳で篠笛を売っているところを探し出して入手。某音楽センターでのレッスンを経由して鯉沼廣之先生に直接師事するようになった。この横笛の世界で出会った人々はビジネスの世界で接触する人たちとはずいぶんと感性や行動が異なる人も多く、こうした世界があることを改めて認識すると同時に、相対的にというか距離を置いてビジネスの世界を見ることができるように導いてくれたように思う。

さらに鯉沼先生は山梨県牧丘町（現、山梨市）にある芸術村に別宅を持っておられ、ある時、ここにおじゃました。最寄りのJR塩山《えんざん》駅まで新宿から電車で1時間半、そこから車で15分ほど。富士山を真南に望み、しかも農業振興地域で開発の手があまりついていないところで、ここがすっかり気に入ってしまった。その後、当地に何回も足を運び、結局はここにご縁をいただき、４００坪の竹藪を購入して畑を開いたのである。

まずは週末農業へ

前置きが少し長くなってしまったが、こうして42歳の時に週末農業というかたちで農業への取り組みを開始することになった。以降、原則、土曜日の午前中に山梨に着き、1泊して畑仕事をし、日曜の夜中に東京に戻るというペースで週末を過ごすようになった。詳細は後で述べることにするが、畑仕事をしていると頭の中が真っ白になって、ビジネスのことはすっかり忘れてしまい、ビジネスや嫌な人間関係等がもたらすストレスからもずいぶんと解放されることになった。さらには現場、地域に触れ、いろいろの人たちと交流を重ねることによって、改めて農の世界、農の持つ力といったようなものを実感するようになった。仕事柄、食料生産のための農業、産業としての農業を、金融を通じて見てきたが、こうした世界のベースに広がる農的な世界があることを改めて認識させられることになったのである。

農の持つ社会デザイン能力

畑仕事をしながら野菜の種をまいて芽が出、次第に大きくなっていくのが楽しみであると同時に、大きく育った野菜を収穫して食べる時に〝恵み〟をいただいていることを実感する。こうした一連の作業や食としていただく中に喜びや楽しみが充満しているが、一番好きなのが雑草の草刈りである。

自然農法を基本にしており、畑は緑で覆われ土が露出しているところはない。雑草も共生させてはいるが、雑草が伸びて野菜に日が当たらなくなったところは鎌で雑草を刈ってやる。1反ほどの畑であるが、1週間に一度となると時間的には農作業の中心は草刈りとなる。特に暑いさなか、20〜30分も草刈りをしていると頭の中が真っ白になってきて、何もかも忘れて、解放されたような感じになる。この瞬間が大好きで、陶酔したような幸せになったような気分に浸ることができる。仕事をはじめとするストレスから解放されて、自然の営みと一体となっている自分に気づくのである。こうしてエネルギーを蓄えて平日、仕事に励み、また週末には畑仕事で疲れを癒しストレスを解消することを繰り返してきた。今思えば、この週末での畑仕事、田舎での暮らしがあったからこそ、42年のサラリーマン生活、特にストレスの多いその後半部分を何とか無事に乗り越えることができたように思う。

農の価値を引き出す

こうした実感をもとにして農業なり農の世界を考えてみると、第一に農業のベースには農地（土地）や自然、環境といったものが人間世界のありようとは無関係に厳然として存在しており、その上にコミュニティが形成されることによって農業は成り立っていることが納得される。ところが産業としての農業は、農業が成立する前提、要件としてのコミュニティや土地・自然・環境を軽視しがちであり、軽視をして産業としての農業が自己回転するほどに持続性を喪失するという関係にもある。

第二にわれわれが農業と呼んでいるものは農業の実体、価値の半分だけでしかなく、ほとんど顧みられずにきた、農業が持つもう一つの半面である「農」とでも言うべき世界がきわめて重要な価値を持つ。むしろ潜在しながらも軽視されてきた農の価値こそが、これから求められてくる価値であり、これを積極的に見えるようにしていく、言葉等で表現できるようにしていくことが必須とされる。まさにこの潜在していてあまり表現されずにきた価値こそが人間が生きていくにあたって不可欠のものであり、コミュニティや社会が成立していくための必要条件であるといえる。この価値を引き出していくことが、新たなコミュニティ、社会、筆者の言う「農的社会」を創造・デザインしていくための前提になるという意味で、この価値を「農の持つ社会デザイン能力」と呼んでいる。

表1　多面的機能・多様な機能と農が持つ社会デザイン能力

多面的機能（食料・農業・農村基本法第３条）
「農業生産活動が行われることにより生ずる食料その他の農産物の供給の機能以外」として、 1　国土の保全 2　水源の涵養 3　自然環境の保全 4　良好な景観の形成 5　文化の伝承等
多様な機能（都市農業振興基本法）
1　農産物を供給する機能 2　防災の機能 3　良好な景観の形成の機能 4　国土・環境の保全の機能 5　農作業体験・学習・交流の場を提供する機能 6　農業に対する理解の醸成の機能
農の持つ社会デザイン能力
1　食料自給能力 2　自立能力 3　コミュニティ形成能力 4　教育能力 5　生きがい・働きがい実感能力 6　文化形成能力

これに関連して、**表1**で見るように国土の保全、水源の涵養、自然環境の保全、良好な景観の形成等の農業が持つ「多面的機能」は、農業が持つ食料供給以外の機能、価値を言い表したものであるが、その位置づけの仕方はあくまで農業に付随してもたらされる価値としての位置づけにとど

まる。この付随してもたらされる価値に加えて、人間が主体的に働きかけることによってもたらされる価値をも含めたものが「多様な機能」であると言って差し支えなかろう。特にこの中の「農作業体験・学習・交流の場を提供する機能」は人間の能動的な行為なくしては発揮されえないものである。

働きかけで発現

これに対して農の持つ社会デザイン能力は、人間が思いなり意思をもって主体的・積極的に働きかけることによって価値が発現されてくる農業が持つ能力であって、一部、多様な機能とは重なるものの、農業に当然のこととして付随してもたらされる多面的機能とは異なる。あくまで人間の働きかけ、主体的な行動が前提されて価値が発現されるのが農の持つ社会デザイン能力であり、これには①食料自給能力、②自立能力、③コミュニティ形成能力、④教育能力、⑤生きがい・働きがい能力、⑥文化形成能力、などがあげられる。

①は食料の自給、②は経済的な自立を後押しするものであり、③は場を共有しながら、ともに汗をかき、そこで対話することによってコミュニティがもたらされるものである。また④は自らの身体を動かすことによって、土を耕し種をまいて育て、収穫してその恵みをいただくことが、人間にとって最も大事なことを気づかせ教えてくれることにつながる。⑤は農に勤しむこと自体が楽しくやりがいを与えてくれるが、それにとどまらず農に勤しむことによって気分転換、ストレス解消につながり、生きがいをもたらすことにもなる。そして⑥はコミュニティの中で対話し、喜びや楽しさ等を表現し

ていくことが文化を創り出していくことになる。このように、農の持つ社会デザイン能力は、農、農の世界という〝場〟に、人間の思い・意思と、農作業等の具体的な行動が加えられることによって発現する、潜在的な能力だということができる。

ダーチャ、そしてアナスタシア

ロシアの〝場づくり〟

ドイツのクラインガルテンをはじめとして市民が農業に参画するための〝場づくり〟は世界の一つの流れとなっており、わが国でも市民農園や体験農園があちこちに設けられ、抽選待ちを余儀なくされているとの話もよく聞く。こうした農、農の世界という〝場づくり〟が最も進んでいるといっていいのがロシアだ。ロシアでは都市住民の多くはダーチャと呼ばれる農地つきの小屋を持っている。600㎡が標準とされ、ここにちょっとした食事や寝泊まりができるような小屋というか住宅が建てられている。中にはお屋敷に近い立派な建物もあるが、総じて簡易な建物が多い。

都市住民の約6割がダーチャを持っているといわれ、都市近郊とはいえ行き来が難しい人や農業が嫌いな人、また金持ちにはダーチャではなく別荘を持っている人も少なくなく、これらを差し引きすれば希望する人のかなりはダーチャを持っているとのことだ。とにかく金曜日の夕方と日曜の夕方は都心とダーチャを往復する人たちの車で道路は大変な渋滞となる。この並ではない渋滞をものともせず毎週末のようにダーチャに通うロシアの都市住民のダーチャに寄せる熱き思いには、尊敬に近いようなものを感じてしまう。

このダーチャでは農産物が生産されるだけでなく、花が植えられたり、芝生になっているところもある。総じて食料事情がよくなった昨今は主食用のジャガイモを減らして自給用の野菜と花を中心につくっているところが多い。ソ連崩壊後の混乱期には食料品店の前に食料を求める人たちが、それこそ長蛇の列をつくっている様子が写真入りでよく報道されたが、この食料危機を乗り切ることができたのは、都市住民がダーチャで主食であるジャガイモの9割以上を生産したからだとされている。やはり第二次大戦後の食料難の際もダーチャが大きな役割を果たしたことが報告されている。今でもジャガイモの77・6％、その他野菜の67％がダーチャでつくられている（2015年。ロシア国家統計局調査）。すなわちロシアの食料安全保障の砦となっているのがダーチャであり、都市住民による自給が食料安全保障のベースとなっているとともに、週末を畑仕事・庭仕事をしながらゆったりと過ごす都市住民の憩いの場所となっている。

ダーチャは帝政ロシア時代に貴族が郊外に別荘を建てたことに端を発するが、ソ連時代に大きく広がったとされる。ソ連時代には重工業の推進のため農村から都会へたくさんの労働力が移動することとなったが、次第に元気を失ってしまう労働者が多かったとか。これは農村から遠ざかり畑仕事にも縁がなくなってしまったところに原因があるのではないか、ということで労働者に土地をあげてダーチャをつくらせたところ、労働者は元気を取り戻した。そこで工業生産等で成果をあげた労働者には土地をあげるということで、ダーチャの大々的な導入がはかられることになった、という話を聞かされたことがある。ロシア人は特に、ということなのかもしれないが、やはり農業に触れ、畑仕事、百姓仕事をすることが、人間をリラックスさせ、人間性を回復させるとともに労働意欲の喚起にもつながるということのようだ。

このダーチャの600㎡という広さは一定程度の自給を想定したものであるとされており、またダーチャは都市から100㎞以上離れたところを基本としているようだ（豊田）。

ダーチャは数十軒、あるいは100軒、200軒とまとまって団地としてつくられており、土地をもらった人たちが共同してインフラを整備してきたもので、それぞれに組合がつくられてもいる。これも含めて隣近所との交流・コミュニケーションの場としての役割も果たしている。

アナスタシアの預言

ところで、これにも関連してくる話であるが、『アナスタシア』なるロシアで出された不思議な本がある。日本では現状、6巻まで発行されているようだが、第4巻の帯封には、世界では25か国語で出版され、シリーズ累計で1100万部を突破しているとあるから驚きだ。

本書は、地球を危機に追いやっている現代人の生き方や現代社会のあり方等について深い次元から見直しを迫るものだ。ノンフィクションであるように受け止められ、ロシアの実業家ウラジミール・

メグレが、ソ連が崩壊して間もない1994年に通商のためオビ河を船でさかのぼり、タイガの森の深いところでまったくの自給生活をしているアナスタシアと出会い、そこで過ごした3日の間に見たり聞いたりしたアナスタシアの生活ぶりや彼女が語った話がその基本となっている。

メグレはアナスタシアとのたった3日だけの出会いではあるが、その出会いによって生き方や価値観、人間としての存在意義を大きく揺さぶられることになるとともに、アナスタシアが語る話を本にまとめて出版することを約束して町に戻る。この約束を果たすために、自らの会社は倒産し、家族とは絶縁状態、自殺寸前にまで追いやられるが、たまたま出会った人の好意で自費出版されることになった本は、口コミによって瞬く間に広がっていく。こうした一連の経過を縦糸にして、自給生活に根を下ろしての文明論、教育論、未来論、宗教論等々、実に深い次元でのアナスタシアの話が横糸となって紡がれている不思議、かつきわめて興味深い本である。

アナスタシアによれば、そもそも「果実や野菜などの実は、人間を元気づけて自給力を高める目的で創られている。人間がこれまでつくってきた、そしてこれからつくるどんな薬よりも強力に、植物の実は人間の体組織を襲うあらゆる病と効果的に闘い、しっかりと抵抗する」力を秘めている。もっと言えば「果物や野菜などの実、それを蒔き、育てた人が食べると、まちがいなくその人のあらゆる病を癒すばかりか、老化のスピードを緩慢にし、悪習を取り除き、さまざまな知的能力を増大させ、心の平安までもたらす」ことになるという。しかしながら人間は、このような恵みを十分に与えられているにもかかわらず、これらをないがしろにするだけではなく、地球そのものを汚し痛めつけている。そして「人間がつくった宇宙船や飛行機はあなたにとってはなじみ深く自然なものに見えるでしょうけど、あれは偉大な自然界の仕組みを砕いたり溶かしたりしたかけらでつくられたもの」であるのに、人間は逆にこれらを崇拝しようとしていると喝破する。

こうした中でアナスタシアはダーチャを取り上げて、「ダーチュニク」（ダーチャを利用している人）が「人々を飢餓から救い、人々の魂に良き種を蒔き、未来の社会を育てている」と語る。かつ「ダーチャの菜園で土いじりするととても気分がよくなって、そのおかげで多くの人が健康になり、長生きしてきたし、心も穏やかになる。技術優先主義で突き進む道がいかに破滅的かを社会に納得させる、その手助けをするのがダーチュニク」だとしている。そのうえで地球の未来は言うならば国民皆農・市民皆農にかかっており、さらに希望する各家庭に1haの土地を割り当てることによってロシアから美しく幸せな社会が構築されていくことになるとの〝預言〟を発している。

まさに筆者がいう農業の持つもう一つの価値、農の持つ社会デザイン能力をダーチャは凝縮して秘めているということができ、アナスタシアはこれこそが破滅的な社会をまっとうにし地球を救うことになると述べている。ロシアの先行きが大いに注目されるだけでなく、わが国でも国民皆農、市民皆農によって農の持つ社会デザイン能力を引き出し、活用していくことが社会変革のカギであり、この取り組みを急ぐことが地球という次元でも本質的に最重要で喫緊の課題であることを示唆しているといえる。

農的社会の性格と構図

ここで農的社会が持つ性格を踏まえたうえで、その構図について確認しておくことにしたい。

まず農的社会が持つ性格について整理しておくと、その最重視するものは自然や農、農的世界となり、その主体は家族が基礎単位となることから、まず第一に、すぐれて個別・具体的であるということである。例えば畑一枚をとってもそれぞれ異なっており、同じ畑の中でも場所によって生育状況、あるいはそこに生える雑草も異なる。また人間一人ひとりが異なっており、家族もまたそれぞれに性格が異なる。

第二が、多様であるということである。自然にしても人間にしても各々が異なっているわけであるから、自ずと多様であることは改めて言うまでもない。

第三が、統合され共生していることである。それぞれに異なって多様ではありながらも、調和が保たれ、ゆるやかに統合されて共生している。

第四が、主体的であり自立性を有しているということである。単に個別的であるだけでなく、その個別性を意識的に生かし、調和を保ちながら共生していくためには、主体的であり、かつしっかりとした自立性が要件となる。

こうした性格を踏まえて形成される農的社会は自ずと次のような構図を有することになる。

第一が自給的・循環的であることである。一定のまとまりとしての地域の中で、そこにある自然や土地等をはじめとする自然資源を生かすだけでなく、極力その中で消費し循環させていくことを基本とする。その象徴となるのが地産地消であるが、これは農業、農産物の地産地消にとどまらず、人・物・金のすべてにわたって極力、自給し循環させていくものである。そして農商工連携は地域の中で循環させていくための仕組みとして位置づけられることになる。また安心して生活していくために、暮らしの最も基礎的な部分、すなわち食料（Food）、エネルギー（Energy）、福祉介護（Care）を自給していこうという運動が経済評論家の内橋克人氏が主張するＦＥＣ自給圏である。これに教育（Education）、環境（Environment）、文化（Culture）、医療（Cure）を付け加えてＦ２Ｅ３Ｃとすることを筆者は提案している。

第二が、パートナーシップ化である。一定の地域の中で完全自給なり循環を完結させることは困難であり、他の地域との交流・交換等によって足らざるもの、足らざるところ等を相互に補完していく。地域は家族、近所等と幾層のコミュニティが重なっており、各々のレベルで多様なベクトルをもって他とつながってネットワークもまた多様に形成されていく。それがまた世界ともつながっていくことにもなるが、ネットワーク化してつながるだけではなく、ともに応援・支援しあいながら生かし合っていくという意味ではパートナーシップと呼ぶのがふさわしい。パートナーシップ化による取り組みの一環として、都市・農村交流や生産者と消費者が提携してのＣＳＡ（Community Supported Agriculture　地域で支える農業）をはじめとするコミュニティ農業を位置づけることもできる。

第三が、ローカル重視である。そもそもローカルな取り組みがつながってグローバル化していくものである。このローカルあってのグローバル化が肝心なところであり、グローバルがあってローカルが位置づけられるようなものではなく、絶対に逆転させることは許されない。ローカル同士であっても自然や農の営みを尊重・優先していることから調和は保たれ、お互いに共生していくことを可能にする。グローバル化それ自体に意義があるとする今の経済優先社会、マネー資本主義とはまったく異なる。グローバル化し一律化していくよりも、それぞれが異なり、異なっているからこそおもしろく、それぞれの価値を認め合い共生していくことを可能にしていくものと考える。

いのちの畑にて

ところで農的社会を創造していく取り組みは個別的であると同時に、すぐれて主体的・自立的なものであるだけに、安易にモデル化できるわけではない。まさに個別の取り組みを進める一方で、ネットワークを使って相互に経験交流を重ねつつ、試行錯誤しながらパートナーシップ化していくことになろう。むしろそこでは地域の古老の持つ知恵なり工夫や、地域での経験や歴史等が大きな示唆と力を与えてくれると同時に、具体的な後押しをしてくれることになるのではないか。その意味では出会いを得た取り組み事例を第三者的に紹介することによって伝えていくには限界がある。そこで参考になるかどうかはともかく、強いて私自身の取り組みを中心に、頻繁に行き来しながらパートナーシップを組んでいる取り組みも含めて以下に紹介してみたい。

自らの農的社会への関心を具体化していく入り口になったのが、先にも触れたとおり、１９９１年に、自らのささやかな農地を確保することによって、週末、東京と山梨とを往復するようになったことである。

場所は甲府盆地の東側、東京寄りに位置する牧丘町である。中央道・勝沼インターチェンジから北に車で20分弱、南向きの斜面にブドウ畑が一面に展開しているところである。ここに耕作放棄されて竹藪となっていた４００坪をノコギリとナタによる人力だけで約3か月をかけて畑を拓いた。この間、土曜の夜は、近くの塩山駅にある温泉宿に泊まって、土日、汗だくになって竹やら灌木を切って処理を続けたが、後にも先にもこんなにいい汗をかいたことはない。数年先には畑が実現することを夢見ながら精いっぱい肉体労働をし、日曜の夕方、塩山駅でワインのワンカップを買って、帰りの電車に乗り込み、車中でこれを飲み干して、しばし熟睡。実に爽快で幸せを実感。

４００坪のうち１００坪を宅地にし、残りの３００坪、ちょうど1反歩を畑にしている。農地法の関係から宅地に転用して購入し、田舎なので安いとはいいながら、宅地として税金を払いながら農地として利用している。４００坪を一括して購入するには、家を建てるための造成工事を行うことを条件とされたため、畑づくりといっしょに家をも建てることになった。家は近所に住む大工棟梁の早藤さんにお願いしたが、家を建てる工事のために臨時、一時的につくった道路をばらしたため発生した砂利が多く混じってしまった80坪ほどは雑木林とし、また畑の3割ほどは花やハーブの畑にして、残りで野菜を栽培している。

愛媛県伊予市の『わら一本の革命』で知られる自然農法家・福岡正信氏と、やはり自然農法家で『妙なる畑に立ちて』の著者でもある奈良県桜井市の川口由一氏の農場を訪問していろいろと教えていただき、福岡正信氏の哲学を基本に、川口由一氏の手法を取り入れながら、畑と庭を一体化させた「キッチンガーデン」とした。恥ずかしながらこれを「いのちの畑」と称し、週末はここで汗を流して農作業を楽しむと同時に、自給の一助としている。

開墾を終えて間もなく転勤で熊本に2年7か月単身赴任を余儀なくされたが、この間は月1回、畑に出かけるのがせいぜいで、種をまいてはいたものの、畑は雑草に覆われ、畑仕事はもっぱら雑草を刈るだけで収穫はほぼゼロ。単身赴任を終えて東京に戻ったのが94年1月。これでやっと週末農業が可能となり、以来、24年が経過しようとしている。会社づとめを２０１３年にやめたが、農的社会デザイン研究所の看板を掲げて実質的に仕事のほとんどを引きずって継続。今は月曜日から木曜日まで東京で仕事、金曜日から週末にかけては山梨で農作業とボランティアというペースを基本にして行き来している。週末農業というよりは二地域居住、あるいは山梨から東京に毎週出稼ぎに通っているという感覚に近いかもしれない。

毎週、東京と山梨を行ったり来たりで疲れないかと、ご心配いただくことも多いが、実態はまったく逆で、山梨に行くと仕事とはまた別にエネルギーが出てくると同時に、ストレスから解放され、新たなエネルギーをもらって東京に戻るのが常である。また野菜や花を、種をまき苗を買って育てるのがおもしろい。これらが日々大きくなって収穫したり食べたりするのも楽しみであるが、自然農法のためさまざまな雑草も交じり合い、イヌノフグリ、ホトケノザ、ヒメオドリコソウ、カキドオシなどの野の花、フキノトウ、ヨモギ、ノビル、アケビの蔓、ノブキ、タケノコ、ミョウガも含めて野草が次々と出てきて旬の味と香りを楽しませてくれる。

農作業で刈払機をはじめとするいわゆる農業機械は利用せず、もっぱら鎌や鍬等を使って人力で作業している。農業機械を動かすとエンジンの音がやかましく、静かな中で鳥の声や川の音を聞きながら農作業をしたいという消極的な理由もあるが、一番は例えば鎌を使って草刈りすると、能率は劣る代わりに、草の陰に隠れている花やハーブ等の芽を確認しながら草を刈ることができるためである。草に覆われた中から花やハーブ等の芽に出会った時、見つけだした時の喜びはひとしおであり、これらが大きくなっていくのを見守っていくのが本当に楽しみである。もちろん、プロの農家が農業機械を使うのは当然であり、むしろアマチュア農家だから許される〝ぜいたく〟ともいえる。

できたものは自家消費するだけで外部販売はなし。農的社会デザイン研究所の活動で講演料なり原稿料等をある程度、いただいてはいるが、直接経費以外は若手の起業等を支援するためのファンドとして活用することのみに支出をとどめており、アマチュア農家としての経費は生活費を含めて年金収入の中で繰り回している。年金をしっかりもらって二地域居住できるのは、農家や若い人たちに申し訳なく思う気持ちもないではないが、反面、アマチュア農家だからこそある程度距離を置いて農業の素晴らしさや農村のよさ等を理解することができると同時に、これを情報発信していくことも可能であり、これもアマチュア農家の大事な役割であると任じてもいる。

小さないのちが芽吹いて（春）

冬ももうすぐ終わり春が間近であることを一番先に知らせてくれるのがオオイヌノフグリだ。2月の半ば頃、枯草に覆われた茶色の畑に微妙に緑と青い色が混じり始める。そこにはオオイヌノフグリが咲いており、小さな青い可憐な花が群れをなしている。それから何日か後になってピンクの彩りを添えて出てくるのがホトケノザである。オオイヌノフグリ、ホトケノザが広がるのと同時並行して、いのちの畑の入り口にある豊後梅《ぶんごうめ》の蕾が大きく膨らみ、2月の終わり頃から一輪一輪と朱色と桃色の中間の濃い色の花びらを開き始める。

3月に入った頃に春一番が吹き荒れるが、ちょうど豊後梅は満開となる。豊後梅の側ではクロッカスが黄色の花を開くと同時に、水仙の芽も急に大きく伸び、フキノトウが出始める。この頃になると、それまでストーブにぼんぼんくべていた薪の数も急減して、はじめに何本か燃やして暖めれば、後は余熱で何とか過ごせるようになってくる。

3月の中旬、水仙が開き始める。畑の入り口から家の玄関まで、畑の中の40mほどの道の両側を黄色に白、幾種類かの水仙が飾ってくれる。水仙が盛りになると、ムスカリが頭を出し、レンギョウ、コブシも開き始め、このピークを過ぎた頃に桜が咲き始める。4種類の桜があり、まずソメイヨシノ、シダレザクラ、ヤマザクラ、八重桜が少しずつずれて花を開く。桜が終わるともう4月も中旬。

この頃にやっと野菜の種まきを始める。畑と庭をごちゃまぜにしたキッチンガーデンにしているが、ちょうど300坪ほどの庭のうち、砂利が混じって野菜をつくれないところをケヤキ、ブナ、トチュウ、エゴノキ等の雑木林にしており、竹林と家の間の日が当たりにくいところが合わせて100坪ほどとなる。残りの200坪を野菜畑と花とハーブのゾーンにしている。畑を始めた当初は多くを野菜畑にしていたが、野菜をつくっても一挙にできたものを処理するのにも限界があり、徐々に花やハーブを増やしてきた。

種まきは草で覆われた畑の表面を鍬で薄く剝ぎ取って土を露出させ、そこに条《すじ》まきする。まいた後に剝ぎ取った草や枯草を土の上にかぶせて水をやる。あくまで土は露出させず、緑で覆ったままにしている。

4月の中旬頃から種まきをし、5月の連休に集中して苗を植えている。苗は、時間不足で手間がかけられないこと、また東京と山梨を行ったり来たりで十分管理できないことから自家育苗は不可能につき、主には農協の直売所で購入している。ナス、キュウリ、ゴーヤ、オクラ、タカノツメ、ズッキーニ、カボチャ等が定番となる。なお、苗ものは肥料なしではなかなか大きくならないことから、有機堆肥を使ってはいるが、自家消費中心で少々虫に食われても問題ないということで農薬は使用していない。また種をまく際に表土を薄く剝ぎ取る以外は鍬をふるって畑を耕すことはしない。不耕起ということで雑草の根が伸びて土壌を細かくし、また残った根が枯れた後の空洞が通水性、通気性をよくしてくれる。土起こしから解放されて、らくちん。土の上を歩けばふかふかして、沈み込むような感じがする。

苗の定植が終わった頃から雑草はぐんぐんと伸び始める。芽を出し始めた野菜や苗を雑草が覆って日当たりをじゃましない程度に草を刈ってやる。またこの頃には多年草の花やハーブの芽がけっこう伸びており、手で雑草を取り除いてやる感じで作業する。おおむねどこにどんな花やハーブの芽が出てくるかはわかっており、丁寧に雑草を取り除いてやる。そうした中から出始めた芽を発見するのは大いなる喜びであるとともに、最大の楽しみでもある。今年もまたお会いすることができてよかった、という気持ちにさせられ、大きくなって花を開くまでおつきあいが続くことになる。

ところでわが畑は野草も多く、春先のフキノトウは天ぷらやフキみそ、ノビルやノカンゾウ、ウルイは茹でて醬油とマヨネーズをあえたものをつけて食べるのが野趣に富んでうまい。またアケビの芽は卵とじにしての醬油煮、そしてヨモギを摘んでの団子は絶品である。

いつでも生物はドラマチック（夏）

5月の連休が終わった頃にトウモロコシや大豆の種をまくが、そうこうしているうちに梅雨を迎える。カキツバタや菖蒲も終わって、アジサイが彩りを添えてくれる。また小カブ等が収穫可能となって食卓にあがる。なんといっても生でみそをつけて食べるのが一番うまい。

この頃になると日ざしはきつくなり、ちょっと作業をすると汗が滝のように流れ出す。また雑草は勢いよく伸びて草刈りが佳境となる。花とハーブのゾーンや野菜があるところは手で草を取り除くことが多いが、周辺部分は鎌を使っての草刈り。20～30分もすると、目に汗が入ることも手伝ってだんだんとボーッとなって、頭の中が真っ白になってくる。これが大好きな時であり、また幸せを感じる時でもある。

肉体的には大変な時期ではあるが、ヤマボウシ等の花が目を楽しませてくれ、またツユクサの可憐な花が大好きだ。野菜や花、雑草にテントウムシをはじめとするたくさんの虫の行動を見ているのもおもしろい。細かに動き回っていたかと思うと、ぴたっと動きを止めたり、また急に飛び立ったり、その行動は予測がつかない。またいろいろな鳥が飛び回り、そのさえずりをじっと聞いていると気が紛れて気持ちが落ち着いてくるから不思議だ。

畑仕事は季節を問わず、子どものいなか体験教室等がない限り、山梨にいる毎日の10時頃から12時まで、２時間以内と決めている。いろいろと仕事を抱えていることから、朝起きてまずは原稿書きや資料等への目どおし等一仕事を終えてから畑仕事に。暑い時期はいわゆる仕事と畑仕事の順番を逆転させて、涼しい間に畑仕事をするほうが体は楽ではあるが、どうも習慣になってしまって逆にできないままを続けている。午後は日曜日については近くにあるB＆G海洋センターでリコーダー・アンサンブルの教室を月２回開いており、そこでレッスンをしているというか、地元の皆さんとアンサンブルを楽しんでいる。そして夕方の４時からは海洋センターのプールで30分泳ぎ、その後は併設された温泉で入浴。したがって畑仕事はこの時間の範囲内ということで午前中の限られた時間となり、けっこう忙しいともいえるが、忙中閑あり。畑に出ることが楽しくて仕方がない。

家内の「ご飯！」のコールがあったところで畑仕事を終えるが、シャワーで汗を流した後のビールがうまい。とれたてのキュウリやエダマメ、トウモロコシはビールの最高のつまみ。昼食を済ませてからは、30分ほど昼寝。極楽極楽。

妙なる恵みを享受（秋）

畑仕事に手間をかけられる時間が限られることもあって、現状、輪作ではなく種まきは主に4月と9月の頭に集中させている。8月下旬は夏休みで旅行に出かけることが多く、9月に入って早々に秋冬野菜の種まきをしている。この頃には雑草の伸びもスローダウンして、春に比べると作業がうんと楽になる。特に10月に入ると野菜が大きくなる一方で、雑草も枯れ草に変わり始め、畑は一番整然とした感じとなる。

畑の端っこには毎年、朝顔が芽を出すが、秋に入って間もなくは青、赤、紫等、いろいろの朝顔が目を楽しませてくれる。朝顔が終わってしばらくすると今度はコスモスがにぎやかに畑を彩ってくれる。このコスモスは熊本市の白川の土手に咲いていたコスモスの種を持ってきてまいたもの。25年以上前に熊本に単身赴任していた時、毎朝、近くを流れる白川の土手をジョギングしており、遠くの阿蘇の山々を背景にして咲いているコスモスにすっかり魅了されて、種を持って帰ったものだ。

コスモスが咲き終わると同じ頃に大根をはじめとする野菜の収穫も終わって、農閑期に入る。周りの山々も少しずつ赤や黄の彩りを加えるようになって間もなく冬を迎える。

心身を自然体で動かす（冬）

冬には畑仕事はないものの、仕事が入らない限りは毎週末、山梨に足を運んでいる。一つは運動はもっぱら水泳をすることにしており、山梨でプールに入るためである。ここは東京のプールとは大違いで人が少なく、ほとんどコースを独占して泳ぐことができる。実はサラリーマン時代は早朝のジョギングを毎朝、ほとんど欠かすことはなかったが、山梨は坂が多く、さらに歩道も少なく危ないことから、山梨での運動はプールでの水泳と決めている。

サラリーマンをやめてから東京でのジョギングは、時に躓《つまず》きそうになることもあって取りやめ、時間があれば少しはウォーキングするよう心がけてはいる。ちなみに泳ぐ距離は1000m、25往復としており、ノンストップで時間は約30分。クロールと背泳を中心に、平泳ぎとバタフライをまじえて、7分目ぐらいの力にとどめジョギングのような感じで比較的ゆっくりと泳いでいる。二つには、山梨の家が畑の中にあり、周りの家とはそれなりに離れていることから、近所を気にせずに家の中で大きな音を出すことができるためである。この頃演奏している楽器は尺八6、ギター弾き語り2、リコーダー1、その他（篠笛、フルート等）1ぐらいの割合となっている。週末の夜の楽しみは尺八で家内の琴や三味線に合わせての合奏であるが、お互いにおかしなところがあればその非は相手にあるといって譲らず、喧嘩の種にもなっている。

冬の最大の楽しみは何といっても薪ストーブの灯である。雑木を剪定して出る太い枝や近くのブドウ農家が新しい品種への更新にともなって伐ったブドウの樹に加えて、針葉樹を割って薪にして販売しているものを購入して燃やしている。冬仕事のほとんどは薪割りだ。斧がうまく入って、きれいに割れた時は、快感であり実に爽快でもある。薪ストーブの熱は温もりがあって体に優しく、電気ストーブや石油ストーブとはまったく違う。また燃えている灯を見ているだけでもあきることはない。

山梨での雪の降り方はほとんど東京と変わらない。量も回数もほぼ同じであるが、溶けるのに何日かよけいにかかる程度である。ただし、14年2月のようなこともあるから油断はできない。この時、当地でも1m40㎝の積雪を記録したが、幸いにもこの時は山梨にはおらず、主要道路の通行が可能になってから山梨に出かけたが、首ぐらいの高さまで積もった雪を除雪しながら玄関までたどり着くのに3時間近くを要したこともあった。しかし、畑も山も全部が白い世界も美しく、また深閑としていい。

農士香・子どものいなか体験教室

山梨に畑を持って数年すると、次第に、こうした週末での農作業をしながらの楽しみや喜び、あるいは発見や驚きを自分たち夫婦のものだけにしておくのは申し訳ない、子どもたちをはじめいろいろな人たちに経験し味わってほしいという気持ちが頭をもたげ始めた。また一方で、東京で小学校の教員をしている家内も、学校内だけでは子どもたちの経験があまりにも限られることから、山梨に学校の子どもたちを呼んで農作業や田舎体験をさせることができないか模索し始めた。

畑といっしょにつくった自宅は、みんなが集まってちょっとした催し物ができるようにつくったものの、20人ぐらい入るのがせいぜいで、まして泊まりとなると7〜8名が限界。そこで近くに貸し家がないか探し始めたが、空き家はあっても貸してくれるところはなく、やむをえず自らつくるしかないかと思い始めたところが、大工棟梁の早藤さんから、おばあちゃんが亡くなって空き家になってしまったものがあり、これを有効に活用してくれる人があれば取り壊すのをやめて、改築をして貸してもいいと言ってる親戚がいる、との話をいただいた。これは渡りに船、ということで借りることにした家が「みんなの家・農士香《のどか》」である。

同じ牧丘町にあるブドウ「巨峰」の栽培が最も盛んな倉科地区にあり、まさに農士香の周りはブドウ畑が一面に広がっている。「いのちの畑」に併設した自宅からだと車で5分ほど。家主の話では戦後まもなく建てられたものということであり、ここで養蚕をしていたことから建物は3階建て。1階は和室が4間に台所とダイニングルーム、2階、3階はぶっとおしの広間。ただし3階は天井裏であることから寝室としての活用に限られる。

こうして2005年夏に「みんなの家・農士香」の看板を掲げ、7月に第1回の「農士香・子どものいなか体験教室」を開いて以降、年6回、おおむね隔月で1泊2日の農作業体験や食事づくりを中心にした田舎暮らし体験の場を設けてきた。ボランティアの親数名も含めて30名前後による合宿であるが、今年で14年目、インフルエンザの流行で一回だけ開催を中止したことがあるのみで、開催回数は80回超、参加者は延べ２５００人前後となる。はじめの頃に農土香に来ていた小学生も今では大学生になったが、中には農土香で山梨が好きになったということで山梨大学に入った子もいる。

子どものいなか体験教室の柱は二つで、農作業体験と田舎の暮らし体験。農作業は、3月のジャガイモの植えつけに始まり、5月は田植え、7月はジャガイモの収穫、9月は稲刈りとブドウの収穫。農閑期の11月や1月（もしくは2月）は農作業はないことから、森の探検、トンボ玉づくり、蜜蝋によるロウソクとリップクリームづくり、縄文時代のハニワづくり等を行うとともに、1月は餅つきが定番となっている。田舎暮らしの体験ということでは、ボランティアの大人の助けを得ながらということにはなるが、食事づくり、後片付け、掃除等は自分たちでやるとともに、かまどで薪を燃やしたり、家のぐるりにある縁側の雨戸を開け閉めしたり昔ながらの生活を経験する。また食事の後片付けが終わって一段落したところで、ミニコンサートをやるのが定番となっている。子どもたちが歌ったり、踊ったり、琴や打楽器等も加えて合奏をしたりと出し物はさまざまで、これに大人によるギターの弾き語りや楽器の演奏等の飛び入りが交じる。子どもたちも夜のコンサートを想定して、事前に何をやるか打ち合わせしたり、練習をしたりと、準備に怠りはない。そして朝起きて一番は近くのお宮の境内での体操。子どもたちが前に並んで体操を先導する。

はじめの頃の農土香での活動は、けっこう車に乗っての移動もしながら、いくつものプログラムを組み合わせて、できるだけいろいろの体験をさせるようにしていた。それが次第にプログラムの数を減らし重点的に取り組むようにして、子どもたちが自由にできる時間を増やしてきた。こうやって改めて感じるのは、子どもは遊びの天才だということであり、プログラムがないと子どもたちはやることがなくて暇を持て余すのではないか、というのは大人の杞憂にすぎず、すぐに遊びを思いついて動き始め、かえって生き生きしている。もちろん、ここではテレビやゲームは禁止しているが、夢中で遊びに興じている。むしろできるだけ自由時間を確保して、管理されない時間・空間を子どもたちに与え、解放してやることが大事であると感じる。

また当初、小学生を対象として、乳幼児については受け身的に対応していた。ところが小さい子どもがいると子どもたちは急にお兄ちゃん、お姉ちゃんとなって小さい子どもの面倒を見始める。暴れん坊が小さな子どもの手を引いてやったり、いろいろと世話を焼いている姿を見ると、また子どもが持っている別の面を発見させられる。小さな子どもたちもご機嫌で、親も少し楽になるところもある。こうした小さな子どもだけでなく、中高生や大学生、さらにはお年寄りなど、いろいろの年代が交じり合うことが、子どもたちの持つ能力を引き出し、新たな経験につながることも多く、貴重な場、空間を与えてくれるように感じる。

子どもたちを相手に14年にわたって活動してきたが、ボランティアしているだけでなく、時にはこちらがボランティアされているのではないかと思うこともある。子どもたちといっしょに遊んだり話をしたり、子どもたちと触れ合うことによって、子どものものを見る視点に驚いたり新鮮に感じることも多く、逆にたくさんのエネルギーをもらっていることをしばしば実感する。

また例えば、私たち夫婦の次男がカメラマンとしてボランティアしてくれているが、一昨年、結婚式を終えて間もなくしてのいなか体験教室で、既に大学生になっている農土香ＯＧたちが、農土香の台所で密かにウェディングケーキを手づくりしてくれ、たくさんの子どもたちに囲まれて二人が改めてケーキカットして、皆から祝福を受けたのは、うれしい思い出であり、農土香を続けてきてよかったとしみじみ感じた瞬間でもあった。

農的社会デザイン研究所

満65歳を迎えて13年10月にサラリーマンとしての生活を終えたが、会社勤めの前半は金融の仕事に従事し、後半は研究所で仕事をした。研究所での仕事も半ばまではマネジメントが主であったが、役員を退き特別理事となってからはマネジメントから解放され、調査・研究業務に専念してきた。役員を退任した時には気づかなかったが、後になって振り返ってみると、この時に〝定年のない仕事〟を選択したことになる。役員退任後は、原稿執筆、講演、講義、委員会等出席など外部に向けての仕事がもっぱらとなった。

会社勤めをやめるとともに仕事は大幅に縮小し、畑仕事と音楽を中心に悠々自適できるものと見込んでいたところが、結局は外部に向けての仕事は、会社ではなく蔦谷個人への依頼によるものだというのが、相手先のほとんどの反応であり、結局、退任前の仕事のほぼすべてを引きずることになってしまった。そこで自宅を事務所にして個人的に「農的社会デザイン研究所」の看板を掲げて、再スタートしたのである。

農的社会デザイン研究所の基本的な調査・研究領域は二つある。一つは自然や生命を大切にする持続可能な農的社会のライフスタイルを実現していくために、国民皆農、すなわち国民の一人でも多くがそれぞれの置かれた環境・現場の中で農に親しみ、食を豊かしていくことに関係する取り組みである。もう一つが持続可能な農的社会のライフスタイルを可能にするような日本農業、国民皆農が積極的に位置づけられるような日本農業のあり方を提言・推進していくことである。

それなりの事務所を構え、研究員も採用していくなどの展開は当面は考えずに、自分一人でできるところでの活動を前提しており、また基本はあくまで現場第一に置いていることから、広く全国を対象とするのではなく、自らの畑のある山梨と、家内の実家があり、ＮＰＯの役員等で縁の深い伊那市高遠町、そして西東京市の自宅周辺の三つを主なフィールドにしている。

銀座農業コミュニティ塾

講演・講義はいろいろのところでさせていただいているが、力を入れて取り組んでいる一つが銀座農業コミュニティ塾である。

銀座農業コミュニティ塾は、それまで5期（5年）にわたって展開してきた銀座農業政策塾を改組して17年11月に総会を開いて再スタートさせたものである。銀座農業政策塾は銀座ミツバチプロジェクトとのつながりの中で設けられたもので、約半年にわたって毎月、講義を中心にして農業や農政の現状と問題点をさぐると同時に、政策提言をとりまとめていくことを主眼としてきた。参加者の多くは40歳代のバリバリの現役がほとんどで、会社勤めが半分、公務員、経営者、弁護士等と職業は多岐にわたる。経済情勢や環境の変化とともに、ビジネスの視点から農業を勉強してみたいという人とともに、個人的に農業に興味があり、いずれ機会があれば農業をやってみたい、というのが受講の動機の大半であった。

受講ニーズが一巡する一方で、受講リピーターというか塾ＯＢが次第に増えるとともに、自らが農業なり農業問題にどうかかわっていくのか、という実践なり関連する活動について考えていくウェイトが高まってきた。また事務局体制の見直しを要する事情も発生したことから、塾生が事務局を担い、「会員が農業を中心とする相互研鑽、情報交換・交流、相互支援をはかることにより、自然や生命を大切にする持続可能な農的社会のライフスタイルを実現するため、会員自らがそれぞれの現場で農に親しみ、食を豊かにする取り組みに参画・寄与していくことを目的」に出直しをはかった。これまでの塾という名の講義を中心とした勉強会から、相互研鑽、情報交換・交流、相互支援を主とする塾らしい塾としてステップアップしたということができる。

私は代表世話人として運営全般にわたっての支援を役割としているが、主役はあくまで塾生である。私の講義というか話はできるだけ短くして、メインは塾生からの取り組みについての報告とそれにもとづいての意見交換と相互のアドバイスにある。塾生の中には、起業して農業に関連する仕事を開始した人、コンサルティングの一環として体験農業を取り入れた人、ボランティアとして地元の農業や林業の支援を行っている人等さまざまであり、経験や蓄積をもとにしての忌憚のない意見交換やアドバイス提示を踏まえて、それぞれの活動の今後の展開・発展が楽しみである。

おむすびハウス

ところで自宅は西東京市にあるが、西東京市は西武新宿線が走る田無《たなし》市と西武池袋線が走る保谷《ほうや》市が２００１年に合併したもので、自宅は旧保谷市のエリアではあるものの、旧保谷市は三日月型をしており、自宅はちょうどその下あごの部分にあたり、旧田無市よりも南の、五日市街道沿いに走る玉川上水を挟んで武蔵野市に接する地域にある。ＪＲ中央線の武蔵境駅と西武新宿線の田無駅の間になり、距離的には徒歩15分で武蔵境のほうがやや近いが、乗り換えなしで東西線で都心に出るのが一番便利であることから、自転車で玉川上水に沿って10分ほど走ってＪＲ線の三鷹駅に出ることが多い。自宅の２００ｍほど北に多摩湖自然遊歩道が東西に走り、自然遊歩道を歩いて10分ほどのところに小金井公園がある。遊歩道の周辺には農地もけっこう残っており、総じて自然環境に恵まれた緑が多い地域だといえる。

自宅のある地域での活動として取り組んでいるのが、「おむすびハウス」と「つたやさんち」である。農土香での子どものいなか体験教室と、おむすびハウス、つたやさんちは家内が中心で私はサブ。畑仕事とつたやさんちに絡めてやっている祝島《いわいしま》産品定期便は私が主に担っている。

おむすびハウスは西東京市の田無地区会館を借りて、月曜日と水曜日の午後4時から7時まで子どもたちをあずかり、子どもたちは自由に遊び、遊び疲れておなかもすいてきた頃に、おむすびをいっしょに握って食べるもので、おなかが満たされればまた遊ぶ。日によって集まる人数は異なるが、最近は10人前後。累計すると20〜30人の子どもたちが、都合のいい日に出入りしている。児童館の対象からはずれる小学生の高学年を主に想定していたが、中心になっているのは低学年と小学校入学前の子どもたち。これに時々中学生等が出入りする。高学年になると塾やら習い事が多くなって、忙しいということのようだ。

2年ほど前までは田無地区会館から歩いて5分ほどのところにある劇団オーガニックシアターの稽古場を使ってやっていたが、劇団側の事情で現在の場所に移って継続している。そもそもは劇団の稽古場を地域の子どもたちのために活用できないかとの話を持ちかけられて始めたもので、通算すると5〜6年は続けてきたことになる。

子どもたちは4時を過ぎると100円を握って三々五々集まってくる。オーガニックシアターでは簡単な炊事場もあってここでご飯を炊いておにぎりを握っていたが、今は公共施設につき火を使えないため自宅でご飯を炊き、これを田無地区会館まで持っていっておにぎりを握る。これに手づくりのタクアンや梅干し等が添えられるが、子どもたちはおむすび、おにぎりが大好きで、とりわけ自分で握ったものはおいしいらしく、炊いていったご飯を残すことはまずない。

おなかを満たせばまた遊びが始まる。色鉛筆やマジックをはじめとする若干の図工の道具に新聞紙やヒモ等を家内が持っていくだけであるが、子どもたちは本当に遊びの天才で、あるものを使っていろいろと工夫をしながら遊びをつくりだしていく。子どもたちは勝手に遊んでおり、大人が干渉することはない。ケンカやトラブルが発生した時に、双方の言い分を聞いてあげたり、アドバイスするだけ。何人かがいっしょになって遊ぶものもあれば、一人で遊ぶ子どもも。もちろん、こうした騒がしい中で勉強している子どももある。それぞれが許される時間の中で、おにぎりを握って食べ、遊んでいく。塾に行く前に立ち寄る子どももあれば、しっかり遊んでからソロバン等の習い事に出かけていくものもあり、それぞれの事情やペースに合わせて出入りしている。

こうした日常の子どもを中心とした活動とは別に、毎月の最終水曜日の後半は「お母さんの会」を併行して開いている。ここに集まる子どもたちのお母さんたち、これに若干のお父さんも交じって、夕方6時前後から三々五々集まって、持ち込んだビールやソフトドリンクとつまみで、8時頃まで自由におしゃべりをしていく。親たち同士のコミュニケーションづくりと日常生活に関係する情報交換を主たるねらいにしている。子どものこと、家庭のこと、学校のこと、地域のこと等を中心に、おしゃべりを楽しみながら情報交換をしているというのが実態である。こうした中に子どもも交じって、自分のお母さん以外のお母さんたちに相談し、アドバイスをもらったりしていることもある。またこのお母さんの会に引っかけて、子どもたちのクリスマス会やハロウィーンの会等も開いている。私も引っ張り出されて赤い服に帽子もかぶってサンタクロースの役をやらされたりもした。こうした企画はお母さんたちが行い、子どもたちの友だちも加わって、それこそ大変なにぎわいとなる。

祝島産品定期便

このお母さんの会に合わせて祝島《いわいしま》産品定期便による共同購入を実施している。山口県の広島県に近い瀬戸内海に祝島というハート型をした島が浮かぶ。柳井《やない》港から連絡船で1時間ほどのところにある、人口379人（2018年3月末）ほどの小さな島ではあるが、豊かな海に囲まれ各種魚と合わせてワカメ、ヒジキ等の海藻が豊富であるとともに、ビワやミカンをはじめとする農産物も産出する。時期に応じて出荷可能な農産物や海産物、それらの加工品についてのメニューを提示してもらい、注文を取りまとめて発注し、お母さんの会に合わせて届けてもらい、注文したものを持ち帰るのである。

祝島は原発建設予定地の上関町《かみのせきちょう》四代《しだい》田ノ浦と海を挟んで向かい合わせており、原発建設にともなう温排水の発生によって豊かな海が奪われてしまうとして、35年以上にわたって原発反対運動を続けてきたことで知られている。現在では原発反対という以上に、自給度を高め循環型の島をつくっていくことによる脱原発の取り組みを強めている。こうした取り組みをアースデイin西東京で報告してもらった経過があり、その際に祝島から持参して販売された農産物や加工品等を継続的に共同購入することによって祝島の脱原発運動を応援していくことをねらいにしている。仕組み的にはＣＳＡ（地域支援型農業）であり、これに脱原発をめざす理念が加わったものである。

祝島産品定期便の開始時には主に豚や牛の放牧に取り組んでいた60代のUターン者である氏本長一《ちょういち》さんが祝島側の窓口を務めていたが、氏本さんが京都府綾部に活動拠点を移したことから、２０１８年からは世代交代して40歳前後のIターン者である児玉誠さんにバトンタッチした。祝島産品定期便の会員で3年前に祝島を訪問し交流してきた経過があり、その際、若手農業者である児玉さんとも酒を酌み交わし、また児玉さんとお友達によるジャズ演奏を聴かせていただいたこともあって、バトンタッチは支障なく円滑に行われた。

ここで最近のメニューを紹介しておくと、2月はヒジキ、ワカメ、ハーブティー（バジル）、コーヒー、3月はヒジキ、ワカメ、アカモク、ビワ茶、コーヒー。季節によって変わってくるメニューが楽しみである。

このようにおむすびハウスの活動は、お母さんの会や祝島産品定期便と連携しており、いわゆる貧困対策として展開されているフードバンクとは性格を異にする。あくまで子どもの居場所づくりと地域コミュニティの創出をねらいとしているが、その活動が結果的にフードバンク的な要素を包含しているということはいえる。

つたやさんち

もう一つ地域というか地元で取り組み始めたのが「つたやさんち」である。２０１７年の10月から、自宅を開放して、原則として毎月の最終火曜日に、午後3時から5時頃まで誰でも出入り自由にしている。お茶を飲みながら、おしゃべりをしながらお近づきになることによって地域コミュニティを再生し、必要な時にはお互いに連絡を取り合ったり、助け合ったりできるようにしていこうというものである。大上段に振りかぶるほどに敬遠されかねないことから、あくまで気楽なお茶飲み会に徹しており、これにワンポイントということで落語を聞いたり、歌を歌ったりする時間を入れ込んでいる。ご近所や若干の友人・知人に声をかけ、毎回、大人が10人前後、これに子どもたちも入って20人弱の集まりを続けている。

例えば1月は「物語屋」さんに来てもらって七福神の話をしてもらったが、話の始まりや要所で物語屋さんのリュートの演奏が入る。小さな子どもたちは、それこそ引き込まれるようにして話やリュートの演奏を聴くと同時に、いろいろと反応するが、これにうまく対応しながら話を進めていく。物語屋さんについては後で触れることになるが、自転車で10分弱のところに住むお話のプロフェッショナル。物語屋さんの話が入る時は会費は５００円、そうでない時はお茶代だけの１００円としている。それからギターとウクレレの伴奏で「故郷」「冬の夜」等を歌う。そして合間を見計らって、斜め向かいに住む長島さんのご主人が、それではということで飛び入りで「いか踊り」をレッスン。皆が笑いながら長島さんの踊りを見よう見まねしながら踊ることに。あっという間に時間は過ぎて散会となる。

少しずつこの会を楽しみにする人が増えつつあることを実感する。お向かいの奥さんは昨年ご主人を亡くされたこともあってか、話を交わす機会が減ってしまっていたが、この会には必ず顔を見せ、お茶出しや後片付けを分担してくれて大助かり。疎遠になりつつあった関係もずいぶんと変わってきた。こうしたことを積み重ねることによって、遠からず町内で行き会った人と、あいさつを交わすだけでなく、一言二言、よもやま話ができるような関係になっていくことを期待している。

音楽ボランティア

ところで子どものいなか体験教室にしてもつたやさんちにしても何かにつけて重宝しているのがギターや尺八等の楽器演奏である。私と音楽との関係は就職して最初のボーナスでフルートを購入したのがそもそもである。先生について習う時間もなく、教則本を買ってきての独学であったが、フルートを吹き始めて4~5年したところで独学では限界が来て、その後、5年ぐらいのサイクルでバイオリン、クラシックギター等の楽器をとっかえひっかえしながら楽しんできた。40歳少し前に篠笛に出会い、先生について習い始めたものの、これも長続きせず、二胡、ウクレレ、尺八等と変遷を繰り返してきた。おかげさまで超一流の先生方に師事し貴重な勉強をすることができたが、腕前のほうは横這いを続けるだけ。目下、尺八とリコーダー・アンサンブル、そしてギターの弾き語りを主に、必要に応じて篠笛やフルート、ウクレレ等も加えて、機会をとらえては心臓だけで人前で演奏をしては自己陶酔しているのが現状である。これに加えて皆が集まった時に歌の伴奏としてギター、ウクレレをつま弾いている。

こうした中で自分にとって一番うれしいのが、おむすびハウスでの演奏である。おむすびハウスに行く時は必ずギターを背負って出かける。そもそもは子どもたちに「朧月夜」「浜辺の歌」「里の秋」「故郷」をはじめとする唱歌や童謡を聞かせたい。子どもたちが歌を聴きながら日本の風景、情景を思い浮かべることができるようになったらいいな、と思って始めたものである。ところが子どもたちは唱歌・童謡よりは、アンパンマンとか「崖の上のポニョ」等の歌のほうが好きで、こちらの曲を弾き始めるとそれこそおなかから大きな声を出して歌い始める。子どもたちといっしょになって大声で歌うのは実に快感で爽快でもある。おかげさまでおむすびハウスの会場である田無地区会館に入った途端に子どもたちは「ボロンボロンのおじちゃん」と言ってまとわりついてくる。たくさんの〝孫たち〟に囲まれて、いつもうれしく楽しいひと時を味わっている。

また自宅のある西東京市からは大分離れているが、やはり音楽のボランティアに出かけているのが、立川市にある南砂小学校である。ここで家内が総合学習の授業とクラブ活動をボランティアとして請け負ってお琴と三味線を教えている。日本の伝統音楽、いわゆる邦楽に三曲と言われるものがあるように、お琴と三味線に尺八を加えて演奏する曲も多いことから、私もその手伝いということで尺八を合わせるために出かけている。既に5年ほどになろうか、毎回出かけることを前提に、できるだけ仕事の時間を調整して、8割方は参加している。総合学習は6年生を対象に短期集中型で授業が行われ、年内に終了してしまうが、クラブ活動については年明けも含めて年間16回にわたって、放課後にクラブ活動としての練習を行う。

その1年間の成果を発表する会が例年2月下旬に行われるが、これがまた楽しみである。朝、授業開始前の約20分ほど、全校生徒と先生が集まる体育館で演奏する。今年は、「さくらさくら」「三段の調べ」「うれしいひな祭り」「越天楽」の順で、お琴と尺八を中心に、曲によって三味線と太鼓をはじめとする鳴り物も加えて演奏した。

毎回の練習での子どもたちの成長ぶりを見るのも楽しみであるが、2月下旬の演奏会はいつも見事で感動させられる。大人の場合、本番ともなると緊張してしまうためか、たいていは練習時のような演奏ができない。ところがここでは、いつも本番が最高。とにかく集中の度合いがすごい。音楽に乗り切ってぐんぐんと演奏を進めていく。こちらも子どもの見事な演奏に乗って、本当に気持ちよく尺八を吹かせてもらっており、いつも子どもたちと演奏できる喜びをかみしめている。

ところで、子どもたちにとって日本の伝統音楽はきわめて遠い存在ではある。お琴や三味線等の曲はもちろんのこと、音を聞いたこともない子どもが多く、まして触った経験のある子どもは皆無だ。それが2回ほどの練習で「さくらさくら」を弾くことができるようになり、あっという間に「三段の調べ」等のけっこう本格的な曲も演奏できるところまで成長する。回数を重ねて曲が体に入ってくるようになると、自ずと体が反応して曲、音楽を紡ぎ始める。子どもの持つ潜在能力の大きさに驚かされ、とにかく体験することが肝心であり、できるだけ早く体験させることが大事であることを痛感させられる。

里山バンド・百生一喜

音楽の話になったついでに触れておきたいのが「里山バンド・百生一喜《ひゃくしょういっき》」である。目下、バンドなりグループを組んで活動しているのが、百生一喜とリコーダーアンサンブルグループ「B's（ビーズ）」である。本書との関係から取り上げておきたいのが百生一喜である。

ボーカルとギター、三味線の林鷹央さん、パーカッションとキーボードの原覚俊さん、ギターの堀正人さんに、尺八、篠笛、フルートにギターの私の4人が基本で、時に女性ボーカルが加わる。林さんは美術大学の出身で年齢は不詳。これまでキックボクシングをやったりダンスをやったりの行動派であると同時に、虫や植物の関係はもちろん、楽器でもとにかく凝り性。原さんは40歳ちょっと。環境問題や生物に関する編集者・ライター。かつてはキーボードをかなりやっていたようで、鍵盤楽器があれば音楽は何でもすぐ弾いてしまう。打楽器として使っているのはバケツやボウル等の台所用品が多く、練習日には一式を担いできて、駅等でよく清掃のおじさんと間違えられるとか。堀さんはリタイアしたものの、まだ年金は受給していないそう。ギターとウクレレの腕前はまさにプロ級。こちらが音を出せば、すぐに伴奏をつけてくれるだけでなく、その時の直感で音楽をどんどんアレンジしながら展開していく。少林寺拳法をやりすぎて膝を痛めてしまったそうで、この頃の主な仕事はウクレレづくり。ユニークなスマイルがボディのサウンドホール（共鳴音を外に出すために真ん中に大きくあいた穴）に浮かび上がったウクレレで、最近では注文が多くて生産が追いつかないとか。私を除いては皆、個性派ぞろいで、年代もバラバラ。まさに多様性に富んだグループと言える。

そもそもは10年近く前に、銀座のミツバチプロジェクトが行う白鶴銀座天空農園での大豆の収穫祭で私が林鷹央さんに出会ったことに始まる。この時、会場で三味線を弾きながら民謡を歌っている林さんを見かけ、若者が三味線を弾き民謡を歌っているのに興味をひかれて話しかけてみたところ、生きもの調査を仕事にしているという。ちょうど生物多様性についての社会的関心が高まってきた時ではあるが、まさか生きもの調査を仕事にしている若者がいるとは、ということで驚かされた。そして林さんはその少し前に韓国で行われたラムサール条約締約国会議に関連したイベントに参加したそうで、その折にあった各国集まっての懇親会で、各国はそれぞれの国の歌を歌ったのに対し、日本はまったくわが国には関係のない歌を歌ったことに憤慨し、一念発起して民謡と三味線をやり始めたという。その志やよし、ということで意気投合して林さんと民謡の練習を始めたのである。そのうちに林さんが仕事の関係でよく行き来している原さんを引きずり込み、しばらくたってから私がつきあいのあった堀さんにも入ってもらって、今の体制ができあがったというわけだ。

当初はもっぱら民謡を中心に練習し、練習が終わったところで飲み屋に殴り込みをかけて、そこで演奏。あまり歓迎されざる演奏であったかもしれないと、今となってはいささか反省もしてはいる。

堀さんが加わって民謡の伴奏にギターが入るようになって変化が起こり始めた。ビートルズ等々とレパートリーを広げ始めたが、そうこうするうちに林さんが突然変異を起こして、いきなり作詞・作曲を始めた。林さんは生きもの調査をしながら専門学校等でも教えているが、そこでの授業のエッセンスを詞にして曲をつけてみたのが「キンコンキン」と「腸内フローラ」。曲そのものを聞いていただけないのが残念であるが、詞はこんな感じだ。

〈キンコンキン〉

根っこの周《まわ》りに菌が棲んでる　キンコンキンコン　キンコンキン／稲の根っこに　野菜の根っこ

キンコンキンコン　キンコンキン／ビタミン・ミネラル　根っこに供給　栄養満点　美味《うま》さの秘密は

／キンコンキンコン　キンコンキンコン　キンコンキンコン　キンコンキン！

……

ミミズもモグラもオケラもセミも　根っこの下で暮らしてる／大地を癒すランドケア　君の田んぼに命が溢《あふ》れ／花の数だけ　虫の数だけ　君の畑に奇跡が起きる／キンコンキンコン　キンコンキン

コン　キンコンキンコン　キンコンキン／キンコンキンコン　キンコンキンコン　キンコンキンコン
キンコンキン！

〈腸内フローラ〉

お腹の中の多様性／善玉　悪玉　日和見菌《ひよりみきん》／菌の世界のバランス
君の生き方で変わっていくよ／腸内フローラ　フローラ！／腸内フローラ　フローラ！
腹の虫が収《おさ》まらない時／悲しみで明日を見失ったら／君という宇宙の中で　一緒に泣いてる無数《たくさん》の
生命《いのち》

……

腸内フローラ　フローラ！／腸内フローラ　フローラ！／君が笑えばみんなフローラ　君が笑えば
みんなフローラ／腸内フローラ　フローラ！／wo

いずれも大変に親しみやすい曲であるが、学生だけでなく子どもたちにも歌いやすく、子どもたちはすぐにフリをつけて踊り出したりもする。最初に曲ができたと思ったら、出るわ出るわ、次々と曲ができあがってきた。目下、レパートリーにしているのは「スミ・ユニバース」「ピュアソイル」「縄文アクエリアン」「生物多様性」「好きなもののために」「ゲンノショウコ」「SLS（Sustainable Life Style）」「生きもの調査〜ふゆみずたんぼ〜」「生きものソング（田んぼ編）」「西と東の赤とんぼ」「旭サンライズ」「市街地」そして最新作が「糧もん（Kate-mon）」である。「キンコンキン」「腸内フローラ」はもちろん、「スミ・ユニバース」「ピュアソイル」「縄文アクエリアン」等もなかなかの名曲であると自任している。

当初、グループ名はもっと元気な日本農業にしていきたいという思いを込めて「百姓一揆」としていたが、生物多様性の重要性を訴えながら、百の命（すべての命）が一つになって喜んでいけるような社会をつくっていきたいということで「百生一喜」に改称。〝生物多様性の伝道師〟としての活動展開を期しているが、一番のネックはメンバーそれぞれが忙しすぎること。月1回の練習がままならないのが実情で、4人そろわずとも私や林さんの講演する機会に二人でできる曲を演奏しようとは思っているが、まだ川越でしか実現していない。しかしながらフルバンドで都心の神田にある農業書センターでは3回ほど公演しており、また東京国際フォーラムで毎年開かれるオーガニックＥＸＰＯでも最優先で日程を確保して公演してきている。本格的な〝生物多様性の伝道師〟としての活動はこれからである。

第７章

Agro-society

農的社会への多様な仕組みづくり

動物の飼育舎（産直市場グリーンファーム）

小金井市関野町の〝横丁〟

ここまで自らの取り組みを紹介してきたが、西東京市の自宅近くにあって大いに刺激を受け、また連携させてもいただいているのがお隣、小金井市の関野町での活動である。

家内がそれが原因かどうかは別として、合気道をやっているうちに体を痛めてしまったことから、何か催し等がある都度、足を運んできた小金井市にある現代座で行われているヨガ教室に通い始めた。そこでやはりヨガに通っている「物語屋」さんこと、中川哲雄さんに出会ったもので、その「物語屋」さんは小金井市関野町にあるご自宅で「ＤＯＺＯ寄席」を定期的に開催するとともに、適時、お話の会を催している。またお呼びがかかれば出かけて行って、その場の状況に応じていろいろな話をすることを仕事にしている。

そこで家内が「ＤＯＺＯ寄席」に行ってみたところが、「物語屋」さんのお話が聞き捨てならないだけでなく、そのご自宅の周辺は昔の長屋風の雰囲気を残したところで、ここの軒先や路地を使ったりして若者たちが集まって野菜を売ったり、ちょっとした飲み物を出したり、縁日のようなにぎわいを見せており、なかなかにおもしろそうなことをやっているという。現代座代表の木村快さんを囲んで年2～3回程度、不定期で「快塾」をやっているが、実はそのメンバーの一人が都市農業者の高橋金一さんで、地元での活動も含めてそれこそ忙しく動き回っていることを話では伺っていたが、「物語屋」さんのご自宅も含めた周辺の住宅の家主が高橋金一さんであり、こうした活動に高橋さんが絡んでいることが見えてもきた。

ちょうどこの頃、西東京市の自宅を開放しての「つたやさんち」をどのように運営していくかを考えていた時でもあり、とりあえず物語屋さんの話を取り入れればヘソができて、何とかなりそうだということとともに、「物語屋」さんの自宅を使っての「ＤＯＺＯ寄席」も参考にしながら「つたやさんち」を始めたものだ。「物語屋」さんとのご縁なかりせば「つたやさんち」はずいぶんと違ったものになっていたかもしれない。

その「物語屋」さん宅で、12月の31日、「年忘れの会」が開かれ、夫婦で参加してきた。落語の「芝浜」を聞く会で、お茶とぜんざいつき。夜の開催案内をしたところが、すぐに定員オーバーとなり、急遽、午後の開催を追加することにしたとか。午後の部に参加してきたが、十数人の来場でこれも満席。ご承知のように「芝浜」は古典落語の人情噺で、名作中の名作。これを中川さんが熱演。ついホロリとさせられるとともに、ぜんざいにお茶もいただいて、年末の午後を楽しく過ごすことができた。

ここに集まったのは中高年層が主で、夜の部も満杯であることも含めて、高齢の夫婦や一人住まいが多く、年末年始、もっぱらテレビでも見て過ごすしかないのではなかろうか。言いかえれば世の中にはコミュニケーションに飢え、コミュニケーションを求めながらも、他に居場所がなくて結局は家の中に閉じこもって寂しく過ごすしかない年寄りがいっぱいいることを反映しているようにも思う。

年が明けて春先の3月4日には、小金井公園周辺にある関野町の一画で春の「横丁まつり」が行われた。この日は小さな路地をはさんで家を開放したり、軒先を利用したりしていろいろの店が並んだ。「仕立てとお話し処Dozo」では着物仕立ての実演と物語り。「福寿荘」では高知の柑橘である文旦むき教室、「新金菜屋《しんきんさいや》」ではかぶと飯、「韓国民団」ではチジミ、等々と、そこに住む人たちや関係する人たちが各々の得意技を生かして出店し、たくさんの人が足を運んで路地は大にぎわい。小金井市の無形文化財である「関野町餅つき」も行われた。餅つき歌に合わせて、数人がそれぞれ杵を持っての集団餅つきである。

長屋風の家が軒を接して並ぶ一画の主な住人は若者たち。ここにたくさんの老若男女が出入りして、「横丁」で春の一日を楽しんでいる。若者たちはお金よりも日常性や簡素な暮らしを重視する新たなライフスタイルを実践しながら地域コミュニティを再生しようとしているように受け止めている。

こうした取り組みに加えて「小金井　江戸の農家みち」の活動ともリンクしている。小金井公園と玉川上水の間にある住宅街を東西に走る小路を「農家みち」と称して、ここに江戸東京野菜を販売する11の直売所が点在する。これに物語屋さんの「仕立てとお話し処Dozo」や、二つのカフェも加わって、江戸東京野菜の購入&散歩・休憩をしながら「いつもどこかで暮らしの音が聴こえてくる道」「いつもどこかで知らない何かに気づく道」「いつかどこかで歩いた道を思い出す道」にしており、小金井公園やそこに併設されている江戸東京たてもの園に来る人たちをも引きつけている。

清水農園と森のようちえん

西東京市の自宅のすぐ南側で玉川上水は分岐して千川上水と分かれるが、そこから２００ｍほど先にあるのが武蔵野市の清水農園である。20ａほどの都市農地で有機農業に取り組んでおり、先著『共生と提携のコミュニティ農業へ』でも取り上げたようにＣＳＡによる消費者と直結しての生産を行うだけでなく、農業体験の場として周りの小中学校や幼稚園・保育園にも開放してきている。このところこれらに加えて頻繁に出入りしているのが「森のようちえん」の子どもたちとそのお母さんたちである。

「森のようちえん」をご存じの方も多いと思うが、森や海や里山等、そして公園も含めた自然環境の中で、幼稚園や保育園、託児所等の子育てを行うものだ。発祥はデンマークとされ、ヨーロッパでは広く行われているらしい。日本でも野外保育や里山保育と言われるものが存在してきたが、２０００年以降に新しいものも含めて「森のようちえん」として定着してきたとされる。数人の親で運営する自主保育型も含めると、全国で１０００を超える「森のようちえん」があるとされ、特にこの10年ほどの間に急増している。全国ネットワークも設けられ、都道府県のほとんどにあるようだ。

運営主体はまちまちであり、その運営・展開方法も異なるが、多くは朝9時頃に集合し、午後2時頃まで、自然を相手に園児はやりたいことをして過ごす。保育者はその様子を見守るだけで、手出しや口出しは極力控える。あくまで自然によって園児の好奇心や感性が引き出されることを基本にしており、自ずと自立心や協調性が養われるとされる。

自宅近くにある小金井公園は約80haもあり、都内では最大面積を有する公園で、ここをフィールドにしている「森のようちえん」がいくつかある。その一つである「ハーモニー」に通う園児とおかあさんたち何組かが、清水農園によく足を運んでいる。

有機農業にずっとこだわり続けてきた清水農園についての情報がお母さんたちの口コミで広がり、清水農園に出入りして収穫等の体験をさせてもらっているうちに、収穫した大根を使ってのたくあん漬けを園主の清水茂さんの指導で行うようになり、春にはぼかし肥をつくるための作業場は秋にはたくわん漬けの樽の置き場と化している。さらに農園全体が「多くのチャレンジャーたちの試行錯誤、試み、出会いの場。さらに人のみならず微生物たちの住みかともなり、微生物から人まで、命のリレーが繰り返される共生の場」ともなっている。

この「森のようちえん」の子どもたちとお母さんたちが、この頃では「つたやさんち」や山梨での「農士香・子どものいなか体験教室」にも参加するようになってきた。もちろん、清水さんもこれらに参加するだけでなく、西東京市での「おむすびハウス」では管理・運営面でも何かあった時の〝救急隊〟として、ずいぶんと応援していただいている。それぞれ個々に取り組んできた活動が、クロスしたり触発し合ったりするような状況が発生しつつある。

清水農園に関連していえば、銀座農業コミュニティ塾の塾生である三鷹市に住む田中眞喜子さんがやはり、清水農園に足を運び始めた。田中さんは吉祥寺駅のすぐ南に広がる井之頭公園に隣接する緑豊かなところにご自宅を持っておられる。親の介護もあって二世代住宅を建てられたが、介護も終わって3年ほど前からご自宅の半分を開放して、「食が基本であり、食をないがしろにしない生き方」をともに勉強し実践していくために「森の食卓」をオープンさせた。ここを勉強会や交流、さらには食事会の場として提供するとともに、自ら友人・知人を集めての勉強会や食事会をも主宰しておられる。ここに清水さんも顔を出したり、私たち夫婦も参加したりしている。これも含めて清水さんとはあちこちで頻繁に顔を合わせる関係にある。

圏内でのパートナーシップをめざして

自宅のある西東京市や、すぐ隣の小金井市、武蔵野市等とを行き来する機会が増えてきたが、交通の便がいい圏内については、もう少しネットワークを広げて、パートナーシップ、すなわち相互に交流、協力、提携、情報交換などができるようにしていきたいとも考えている。

武蔵野の農地、緑地を守る市民活動

その一つが所沢である。西東京市には西武新宿線と西武池袋線が走っているが、西武新宿線の田無駅までは自宅から徒歩で北に向かって15分強。中央線の武蔵境駅は南に向かって徒歩で15分弱と大き

くは変わらないものの、武蔵境行きのバスは頻繁に走っていることもあって日常的には中央線を全面利用しているが、所沢までは田無駅に出て西武新宿線に乗ればたったの15分で着いてしまう。時間的には新宿に出るよりも所沢に出るほうが早いことになる。

武蔵野の範囲について明確な定義はないが、広義には武蔵国全部をさすことがあり、また『広辞苑』によれば「埼玉県川越以南、東京都府中までの間に拡がる地域」とされており、いずれにしても所沢は武蔵野の中心の一つであって、所沢の市域に入る岩岡新田、平塚新田、神谷新田、北野新田、三ケ島新田が江戸時代の享保期に武蔵野新田として開発されている。また武蔵野新田よりも先に松平伊豆守信綱、柳沢吉保によって開かれ、日本農業遺産にも指定された「落ち葉堆肥農法」を導入しての新田開発は三芳町・川越市・ふじみ野市とともに所沢市にも広がっている。さらには所沢や東村山市等にまたがって狭山丘陵があり、いくつもの「トトロの森」が点在している。

「落ち葉堆肥農法」が屋敷と畑と雑木林の3点セットで構成されているのと同様に、所沢の市域全体が住宅地に近接して農地、緑地が豊富にあり、活発な市民活動が農地や緑地を守っていくために大きな貢献を果たしてもいる。こうした中でがんばっている一人がやはり銀座農業コミュニティ塾の塾生である肥沼位昌《のりあき》さんである。肥沼さんの家は江戸時代から続く代々の農家で、所沢市役所に勤めるとともに農作業も行うが、地域の雑木林の保全活動や柳瀬川の清掃活動に取り組むとともに、三富新田等の雑木林が担い手不足で手入れが行き届かず、荒廃化しつつある中、仲間たちとともに、しばしば大きくなった落葉広葉樹にロープを利用して上り、チェーンソーを使っての伐採にもあたっている。

また肥沼さんのお父さんは重松流祭囃子の活動のほか地元北秋津の日月神社の氏子を長年務めるなど歴史や昔から伝わるお話に詳しいだけでなく、子どもの頃のきれいな柳瀬川で遊んだり祭りを楽しんだり、米軍機グラマンの空襲を受けた折、日本機の疾風《はやて》や隼が空中戦を展開するとともに、爆弾の破裂する様子等を見た体験などを機会があればお話しするのを楽しみとされておられる。

第4章で川崎平右衛門を取り上げたが、平右衛門が開発した武蔵野新田は82か村に及び、東から三鷹市、武蔵野市、西東京市、小金井市、小平市、そして埼玉県の所沢等にまで広がる。川崎平右衛門顕彰会・研究会は、川崎平右衛門を広く世に知らしめるだけでなく、各々の地域における歴史を大事にするとともに、協同活動を応援し、地域の活性化をはかっていくことをも目的としており、今後、所沢も含めた市民活動との連携をはかっていくことが課題でもある。

スロースクール夜間部とherb & vege HOMEGROWN

もう一つ取り上げておきたいのが国分寺にある「カフェ・スロー」で行われている「スロースクール夜間部」、さらには国立にあるherb & vege HOMEGROWNとの出会い・連携である。

国分寺のカフェ・スローは知る人ぞ知る東京という以上に日本のスローフードの聖地だそうで、『スロー』と『つながり』をコンセプトとし、オーガニックカフェの運営や自然食品・フェアトレード商品の販売、環境イベントの開催などのさまざまな啓蒙活動を通じて、失われつつあるいのちのつながりを取り戻し、地球に負荷をかけない暮らしを提案することを目的」とするコミュニティ・カフェである。約60席とされるが広くゆったりとしたスペースで、内装は藁や土を使っての自然素材。窓からは雑木林が見え、すぐ横を野川が流れる。営業時間は平日11時から18時まで、土日祝は11時から19時まで、月曜が定休日となっているのは、いかにもカフェ・スローらしい。

そのカフェ・スローを使って、営業が終わってからの夜、月1回ぐらいのペースで開かれているのがスロースクール夜間部だ。夜に、暮らしを考える「スロースクール夜間部」は、静かに、ゆっくり、じっくり、深める時間。仕事が終わって、地元に帰って、暮らしに近い場所で学び、つながることで、活動するきっかけとなる集まり。ここから、自分たちにふさわしい自由で、気持ちのいい暮らしが産まれ」ることをめざす。

銀座農業政策塾（当時）の塾生だった伊藤進吾さんが、それまでのサラリーマン人生から一転して2015年に国立市に開いたのがherb & vege HOMEGROWNで、「ハーブや野菜など育てて暮らしに役立つ植物を中心に、各地の有機農家とのつながりから農家直送の有機野菜も販売する。都市生活のなかの小さな農的生活をテーマに園芸福祉的社会の実現をめざす」が、その伊藤さんの友人である萩原修さんは、このスロースクール夜間部の運営メンバーの一人である。萩原さんは「デザインディレクター」を自称しており、「コド・モノ・コト」「中央線デザインネットワーク」等の独自のプロジェクトを運営するとともに、株式会社シュウヘンカの代表であり、さらには明星大学デザイン学部の教授も務める。

スロースクール夜間部の趣旨について、別のペーパーでは次のように述べている。

「人類文明の始まりから一万年。その過程で18世紀に起こった産業革命は、それまでの人々の暮らしを一変させました。自然とのかかわりのなかで暮らしてきた私たちは、初めて『分業』と『機械化』という文明の力によって、『便利さ』と『豊かさ』を手にいれます。確かに自然の恵みを人類が一手に得ることによって、際限のない人間の欲望を膨らますことが可能になり、その結果、物質的豊かさは必要以上に満たされました。しかし一方で、その『豊かさ』の陰で、かけがえのない多様で貴重な自然が失われていきました。その『豊かさ』は、ややもすると、わたしたちの日々の暮らしから自然を切り離し、社会や人間同士の信頼をも壊していることを気付かせず、人々が気づいた時には、自然の復元作用さえも奪いかねない危機的状況になりつつあります。

この流れを変えていくには、私たち自身が暮らしのあり方を衣食住という日常から改めて問い直し、自然と共生する暮らしとはどのような生き方なのかを再構成することが何よりも、大事なのではないでしょうか。

そこで、この『スロースクール夜間部』は、暮らしの原点を見つめ直しながら、地球に負荷をかけない生き方、考え方を学びあうことをとおして、衣食住のあり方、創り方、関わり方を学び、実践していくための多様な学びの広場として役割を担っていきたい」

私の農的社会デザイン研究所とその主旨をほとんど同じくするもので共感するところ大。その活動には大いに興味をそそられるところであるが、先般、ここで「コミュニティ農業のこれから」をテーマにインタビュー形式で話をする機会をいただいた。30人弱の参加者ながら、熱心にお聴き取りいただき、終わってからもなかなか会場を去りがたい熱気が渦巻いているようないい集まりであった。参加された皆さんと名刺交換すると、国分寺市、小金井市、三鷹市、西東京市、国立市、立川市、日野市、所沢市と多くは多摩地域に住む人たちで、ＮＰＯ等として現場で活動している人がほとんどであり、残りの何人かが農業者と大学教員であった。

そこでの意見交換や、終わってからの懇親も含めて、国分寺市や日野市等でも同様な問題意識をもって活発な活動が展開されていることがわかるとともに、そこでがんばっている人たちと直接顔を合わせて面識を得、やりとりすることができたことは私にとっても大きな収穫であった。多摩地域という、私のこれまでの活動範囲のもうちょっと先を含めたところで情報交換や交流をはかりながら、相互に連携したり応援したりしていくための〝場〟に出会ったような気がする。会の終わりでカフェ・スロー代表の吉岡淳さんが挨拶し、「コミュニティ・カフェは人と人をつなぐ、生産者と消費者をつなげる場」として存在しており、カフェ・スローを「人と人、生産者と消費者の出会いの場」としてもっと利活用してほしい旨、強調されたが、まさにコミュニティ・カフェにいることを実感でき、また幾人もの方たちとの出会いをいただくことができたうれしい夜となった。

産直市場グリーンファーム

こうした地域とのつながり、地域での活動を考えていくにあたって、私にとって何かにつけて参考にさせていただき、またエネルギーをもらっているのが長野県伊那市のますみケ丘にある産直市場グリーンファームの取り組みである。伊那市の郊外、農村地帯という以上に中山間地域にあるといったほうが適切な、畑や牧草地が広がる中にぽつねんとしてあり、産直施設の立地条件としては決して良好とは言いがたい。

グリーンファームには野菜、花、キノコ類、総菜等加工食品、種苗、農業資材、雑貨等と、農業生産と日常生活に必要なものはほとんど並んでいる。小農生産者の貴重な出荷先となっているとともに、地域の暮らしを全面的に支えている。

1994年に立ち上げ、当初200㎡であった売り場面積を少しずつ広げていき、現在は1330㎡、産直施設としては中規模といえる。まさに手づくりで建物を必要の都度、継ぎ足していったものであり、大型で近代化した世間の産直施設とはまったく異なる。ここにたくさんの人が押し寄せ、年間の来店客数は58万人、売上高は10億円を超す。5月の連休はもちろんのこと、ちょっと陽気のいい日には車が殺到し、駐車場所を確保するのにずいぶんと待たされることも少なくない。

地産地消で人をひきつける

こうしたにぎわいをもたらしている最大の理由は地産地消を基本に置いているところにある。出荷会員は2000名を超えるが、ほとんどは兼業農家を含む小規模生産者で、定年帰農者も少なくなく、出荷者の平均年齢は70歳。またグリーンファームには実験農場も設けられており、ここで農家ではない人が専門的な指導を受け、農業を経験しながら自立していくことができるよう仕組み化されているとともに、こうした人たちが生産した農産物を売るための専用のコーナーもある。

グリーンファームの運営方法については、グリーンファームと、生産者によって組織される「生産者の会」によって構成される運営会議によって決定される。現在の販売に関するルールは、①手数料はすべて20％、②品質が劣化したものは廃棄する、③生産品目は生産者が創意工夫して決める、だけ。それ以外については基本的に生産者の裁量に任されている。

これに加えて次のようないくつもの特徴を有しており、これがまたグリーンファームの大きな魅力となって人をひきつけているということができる。

第一に、お膳からちゃぶ台、臼や杵、脱穀機、レコード、ランプ等々、家を整理したり取り壊した時に出てきたのであろうか、昔の暮らしに使われていたものも数多く並べられており、地域の暮らしや文化を実感でき、見ているだけで楽しい。

第二に、昆虫食が豊富に並べられている。岐阜県と並んで長野県は昆虫食が最も盛んなところであり、伝統食であるとともに特産品ともなっているが、ハチノコ、ザザムシ、イナゴ等の甘露煮などが豊富に並べられている。特にイナゴの甘露煮は私の大好物であり、ビールのつまみにはイナゴの甘露煮と殻つきの落花生が一番。プロジェクトでの調査やＮＰＯの理事会等で、ほぼ毎月、伊那には足を運ぶが、イナゴの甘露煮は必ず購入して帰る。そしてハチノコにとどまらず、地バチの巣、もちろん、たっぷりとハチミツを持ったハチの巣であるが、これが丸ごと売られている。またハチミツもたくさん並べられており、西洋ミツバチと日本ミツバチのハチミツ、それもそれぞれに各種の花からとったハチミツが並んでいる。

第三に、キノコ類や薬草がやはり豊富に並べられている。最近では産直とはいってもキノコ類は人工栽培されたものしか並んでいないところがほとんどであるが、ここではその季節になると〝山の幸〟でそれこそいっぱいになる。また薬草もいろいろの種類が置かれているが、一方で信州大学農学部のキャンパスがすぐ近くにあることから、プロジェクトをつくって薬草の研究・開発にも取り組んでいる。

第四に、建物と道路を挟んでの向かい側には鶏、アヒル、ヤギ、ウサギ等々、それこそさまざまな家畜が飼育・販売されている。これが動物園というか家畜園となっており、子どもたちの大人気だ。動物園では動物を遠くから眺めるだけで終わってしまうが、ここでは家畜に触ったり抱いたりすることもでき、ここで遊ぶ子どもの目は輝いている。またヤギが１００頭以上も飼育されているが、ヤギについては販売されるだけでなく、レンタルもされている。ヤギをレンタルし、雑草等を〝舌刈り〟して景観をきれいにしてもらうと同時に、昔飲んだ懐かしいヤギのミルクの風味を楽しんでいる人も少なくないようだ。

第五に、グリーンファームといっしょに「コマ書店」が設けられている。これまでグリーンファームの建物の２階にあったが、２年ほど前に数百ｍ離れたところに引っ越しをしている。子ども向けの本と地元関連図書に特化した本屋で、未来を担っていく子どもたちに良書を提供していくことによって教育の一環を担うとともに地域文化を伝えていこうとしている。

こうしたグリーンファームをつくり、引っ張ってきたのがグリーンファームの創業者である小林史麿さんであり、小林さんの知恵と生き様がグリーンファームの建物そして運営に結晶しているといえる。小林さんは早くにお父さんを亡くされて苦労されたそうであるが、現場での苦労を積み重ねる中で蓄積されてこられた知恵や工夫そして独自の発想には教えられるところが多い。

地域循環を創出

知恵・工夫ということでは、例えば薬草なり健康についてである。第5章でも触れているように2017年2月末から3月にかけキューバを訪れたが、これは小林さんからの誘いによるものであった。キューバに着いて、小林さんは食事が合わないらしく体調がすぐれないということで、われわれといっしょにテーブルにはついても、メニューは別で、もっぱらハチミツと牛乳とバナナを食べるだけにして、見事、体調を回復。そしてその前後に健康が話題となって、小林さんから薬草の使い方についていろいろとお聞きしたが、ガンにはカワラダケを煎じたものがいい、痛風にはオオスズメバチの焼酎漬け、糖尿病には各種キノコを煮込んだものがいい、といった塩梅。また免疫力を高めるためには朝一番に茶さじ一杯のハチミツをなめるといい。それも日本ミツバチのハチミツで、しかも色の濃いものがいいという。

それ以来、私もこの〝ハチミツ生活〟を始めることにし、今も続けている。また、キューバで市場に出かけた折、薬草を売っている店があったが、そこでそれこそたくさんの薬草を買い込まれたが、これを持ち帰って信州大学とともにつくっているプロジェクトで分析・研究するとか。とにかく研究熱心であること、このうえない。

独自の発想ということでいえば、グリーンファームの２階から移転したコマ書店はモバイルハウスとなっている。１５０坪ほどのかなり大きな建物で、入り口すぐ左になるところを書店とし、それ以外は大きなオープンスペースで、横に小さな会議室と調理場が併設された形となっている。車がついて移動可能であり、建築基準法の対象から除外されることになるが、坂口恭平等の若者がトライアルしている話を本では見てはいても、１９４０年生まれの小林さんが、しかもこれだけの大きさのモバイルハウスをつくった発想と行動力には驚かされる。そしてオープンスペースには大きな机やイス、見事な置物等が並べられ、また調理場にもプロ用の厨房器具が並んでいるが、ここにあるすべては廃物を利用したものだという。

地産地消、自給自足が基本。お金は使い方次第で、お金がなくても知恵と工夫によって豊かな生活を実現することができる。また地域循環を創っていくこと自体がわくわくしておもしろい。こうして地域に住む人たちが貴重な現金収入を確保できる場を提供することによって、やりがいをもって働き、かつ生活を楽しみながら共生していく途を具体的に見せていただき、これに必要な知恵・工夫なり考え方なりを小林さんからいつも教えていただいている。

農的社会創造の要件

農的社会に向けての取り組みについて自らの経験を中心に取り上げてきたが、自らの取り組みが決して優良事例だからということではまったくなく、一人ひとりの取り組み、実践が出発点であり、これを積み重ね、広げていくことでしか社会を変えていくことはできない、という思い故のことである。ささやかな取り組みにすぎず、こうしたかたちで取り上げること自体、恥ずかしい限りではあるが、自らの取り組み、そしてご縁をいただいていろいろと行き来をし、交流している周辺での取り組みをも踏まえて、農的社会を創造していくにあたってポイントになると考えられるいくつかの点について、基本的な枠組みに関係するものと、取り組んでいくにあたっての考え方やノウハウに属するものに大別して整理しておきたい。

農的社会の方向と枠組み

はじめに農的社会の創造に向けての基本的な方向性と枠組みに関してである。

まずは第一に、取り組みの方向性を明確にすることが出発点となる。地域をよくしていくことについて異論はなかろうが、経済的によくしていくのか、経済を超えた豊かさを求めていくのか人によって見解は大きく分かれるところである。本書は経済的豊かさを全面的に否定するものではないが、経済性に偏った豊かさの追求には反対するものである。経済性以上に、経済外的な豊かさを重視し、何よりも人間はその分をわきまえ、生命原理を尊重し、これを最優先していくことが基本となる。

第二に、求める農的社会は、地域という土台に立脚することによってしか成立しえないものである。言ってみれば抽象的なガイドライン等によってつくられるようなものでは決してなく、生産や生活という日常性のレベルで、具体的な地域という現場とそれに対する働きかけがあってこそ成り立つものである。その意味では農への参画をきわめて重要視するが、あわせてＦＥＣ自給圏構想やスローフード運動等とも共通するところは多い。

第三に、こうした方向性に賛同し、いっしょに行動しようとする人は残念ながら一部にとどまるが、それが当然であり、失望するには及ばない。思いのある人たちが個人、あるいは小さな集まりから始めることが肝心であり、小さな循環を少しずつ膨らませていけばいい。大きな取り組みとしていく以上に、小さいながらも取り組んでいく現場の数を増やしていくことを重視する。

第四に、現場同士がネットワークでつながったうえで、パートナーシップを組んでいくことになる。あくまで一つ一つの現場が基本であり、それぞれは同等の価値を持つ。そのお互いの価値を尊重しながら交流し、相互にさまざまなかたちで支援し補完していくことが期待される。パートナーシップは複数の地域レベル、県レベル、国レベル、さらには海外と幾層にも重なっていくわけであるが、基本は地域、現場にあることは不変である。

第五が、取り組みの主役は地域の住民一人ひとりだ、ということである。地域活性化の取り組みの中には、国なり自治体が作成したものがプログラム等として上からおりてくるものも多いが、言われてやるのでは湧いてくるエネルギーがまったく違う。地域の人たちがお互いに話し合いを重ねながらプログラムをつくりあげ、ともに実践していくことが肝心であり、だからこそそこでの取り組みが大きな意義を持ちうるのである。とはいっても地域住民も一人ひとり異なり、また男女によって、老若によってその持つ意見は異なってこよう。老若男女を適当に組み合わせるとともに、取り組みの中身によって世代なり男女にメリハリをつけて協議をまとめていくことが必要になる。

第六に、地域資源を極力生かしていくことが基本となる。地域資源は物だけでなく、人・金も含む。人・物・金を中心に、その地域にあるすべてを極力活用していくことによって地域循環をつくり、自給度を向上させ、自立していくことが望ましい。もちろん、すべてを地域で調達していくことはできるはずもなく、ともすれば安易に外部に依存しがちになるが、そういう時に改めて立ち止まって地域にある資源を見直し、活用を考えてみることが大切である。

第七に、地域資源に含まれもするが、地域の歴史や文化を尊重していくことである。いろいろの事態に直面することになるが、こうした事態に似たようなことは過去に繰り返していることが多い。過去の知恵に学ぶことが大切であり、日常の中に地域の歴史や文化を学ぶ機会を設けていくとともに、お年寄りの経験や知恵に学び継承していくことが欠かせない。

以上が大きな方向性や構図となるが、補足的にこれらに付随して留意しておくべきことをあわせてあげておきたい。一つは地域づくりの参考になる事例はあっても、基本的にモデルはないということである。いずれの取り組みもすぐれて個別的で具体的なものであり、ある程度のタイプ分けは可能であっても、モデル化することはできない。安易に先進事例なるものの真似をしていくことは許されない。他地域の取り組みを参考にしながらも、あくまで自らの置かれた条件・環境を十分に踏まえて主体的に取り組んでいくことが必要である。

二つが、一つ目とも関係してくるが、行政や学者・研究者、さらにはコンサルタントに依存することは避けなければならない。情勢を俯瞰《ふかん》したり、問題を整理していくということでは有用であろうが、ついつい主客転倒して外部に依存しがちになることが多い。失礼ではあるが、いずれもほとんどは自らが自らの責任によって取り組んだ経験を有するわけではなく、理屈で迫られても理屈だけでは動かないのが現実であり、外部に依存することによってきれいに整理したばかりに、失敗に終わった例は枚挙にいとまがない。

取り組むにあたって

次に取り組んでいくにあたっての考え方やノウハウのレベルに関するものについてである。

第一がはじめから大々的なことをやるのではなく、小さいことから始め、積み重ねていくことが大事である。何かやろうとすると、ついついイベント的なものを考えがちであるが、イベント的になるほど日常性から離れ、一過性で持続性に欠けたものになりがちである。

第二に、まずはとにもかくにもやってみることである。やってみなければ始まらないだけでなく、やってみて初めてわかることは多い。農業に参画してみるにしても、地域で何らかの活動をやるにしても、思い立った時が吉日。あれこれ考えてみることは大事なことではあるが、考えるほどに手が出しにくくなり、結局はやらないための口実を考えるだけということになりかねない。

第三に、失敗を恐れる必要はないということである。失敗して学ぶことは多い。むしろ失敗から多くを学んで、次の肥やしにしていくことが大事だ。農的社会に向けての取り組みは永続性を要するものであり、目先のことに一喜一憂する意味は乏しい。パーフェクトは求めずに、60点主義ぐらいでちょうどいい。

第四に、できるだけ金は使わない、むしろ人を使う。人に動いてもらうことである。極力金を使わないよう知恵を働かし、できることは手づくりしていくことが大事だ。わいわいやっていくことが人と人のつながり、絆を強めていくことになる。金がないからとすぐ行政に依存するきらいがあるが、補助金等をもらった途端、行政の干渉といえば言い過ぎになるかもしれないが、規則や事務処理の励行を余儀なくされ、行動まで制約されることになりかねない。しかも補助金等の交付がいつまでも続く保証はなく、持続性を喪失する可能性をはらむことになる。その意味ではあえてＮＰＯ等に法人化する必要はない。むしろ任意の集まりとするほうが財政的には窮屈であっても、自由度と持続性は高い。

第五に、集まりはできるだけいろいろの人に入ってもらうほうがいい。女性や若者等が入ることによってまた違った視点からの話が出てくることが期待される。また小さな子どもがいるだけでその場がなじむというか、リラックスしたものになることをいつも経験させられている。

農的社会による地域自給圏

農的社会について自らの身近での取り組みをあげてはきたが、いずれも断片的な取り組みであり、むしろそうした小さな取り組みから着手していくことの重要性を強調してきた。そこで改めて農的社会についてトータルしてのイメージを模索してみれば、コミュニティ農業への取り組みを生産と暮らしの全般に広げたものになり、「地域自給圏」がこれにふさわしい。地域自給圏というとどうしても物的な自給・循環に重きが置かれることになりがちであるが、基本は人・物・金のすべてを極力地域の中で循環させていくことによって地域の自給と自立をはかっていくものである。

地域自給圏の実現のために

地域自給圏の取り組みを代表し、生協関係等で推進しているのが「FEC自給圏」である。経済評論家の内橋克人氏が構想・主張しているもので、食料（Food）、エネルギー（Energy）、福祉介護（Care）という生活・暮らしに最低限必要なものを身近なところで自給していく運動として展開されている。

FEC自給圏に大いに共感し賛同するところであるが、私はこれに教育（Education）、治癒・健康（Cure）、文化（Culture）を付け加えてF2E3Cとしている。食料、エネルギー、福祉介護の重要性・必要性については改めて述べるまでもないが、農的社会においては教育、治癒・健康、文化についても同様に重要視するものである。

教育は、「三つ子の魂百まで」であると同時に、体験・経験を基本とする。味覚は乳幼児の時に確立してしまい、その味覚を後になって変えさせることはきわめて難しいとされる。味覚に象徴されるように五感を豊かな自然にも触れながら伸ばしてやることが大事である。また知識は体験に裏づけられてこそ生きてくるが、これが逆転して知識がすべてとなり経験・体験が軽んじられるようになってしまっている。ＡＩ（人工知能）が発展するほどに人間に必要とされるのは、体験・経験によって磨かれた五感、感性となる。学校は知識教育への偏重を続けてきたが、もはや知識はパソコンやスマホ等によって即時に検索可能となっており、一方ではパソコンのゲーム等によってバーチャルリアリティが蔓延し、本物の体験・経験との区別がつかなくなってしまっている。学校教育の見直しも大切ではあるが、体験・経験はそもそも学校でという以上に隣近所や地域だからこそ、そうした場を提供することができるのであり、「地域で人を育てる」、教育の自給が必要とされる。そこではお年寄りたちが大事な役割を果たすことになる。

治癒・健康については、医者そして薬に頼りすぎというのが現状である。飽食あるいは偏食をして、これをサプリメントを飲んでバランス回復をはかる人も多い。医者の診察はパソコンの画面を見ながら患者の話を聞くだけで、患者の顔色や容態を見ることは少なく、データ、平均値で診断し、それに対応した薬の処方箋を書くだけになってしまっている。そもそも人間の健康の基礎はまっとうな食事によってもたらされる。農薬や化学肥料はあまり使わない生命力にあふれる農畜産物を適正量いただき、適度に体を動かしていれば自ずと健康は維持されるものである。またそうしていれば仮に体に大きな変調をきたしても、その前に体が発する信号を自ら感じ受け止めることが可能でもある。体調を崩した場合も含めて、食事や漢方、運動等を含めた蓄積の厚い民間療法なり健康法を活用していくのも一つの手である。医者や薬屋も大事であり、そのアドバイス等をもらいながらということになろうが、地域にいるお年寄り等の体験や情報をもらいながら、日常的に民間療法なり健康法を活用・取り組んでいくことによって、病気にかからない体づくりを心がけていくことが大事である。

また文化についてであるが、文化とは絵をはじめとしてかたちに表したり、音楽にしたり、体で表現したりして自己表現していくところにその本質はあると考える。集団での自己表現が祭りとなって、エネルギーを発散し、地域の絆を固める役割をも果たしてきた。ところが歴史の経過とともに文化は磨かれ洗練されてきたが、それと同時に専門化が進み、特定のプロだけが表現するものとなって、表現者・演奏者と見学者・聴衆とに分化してきた。これを再び一体化していくことが必要な時代になってきているのではないか。もちろん、きわめてすぐれたプロの演奏やパフォーマンスを見たり聴いたりしたいという欲求があって当然であるが、それはそれとして、地域レベルでみんながもっともっとさまざまなかたちで自己表現し、個性を発揮していくことが必要ではないか。非行や精神疾患等が蔓延しているが、その原因の多くは発散すべきエネルギーが抑圧されていたり、他人とうまくコミュニケーションできずにいるところにあるのではないか。気楽に日常的に自己表現していけるような場を増やしていくとともに、祭り等でエネルギーを発散していくことが一番と考える。文化はプロ、芸術家が担うものという固定観念を打破していくことが大切である。

人・物・金の循環

F2E3Cの自給度向上に向けての取り組みをつうじて人・物・金の循環をつくり、膨らませていこうとするものであるが、これに若干の補足をしておけば、まず人についてである。イタリアに足を運ぶたびに痛感するのがイタリアの人たちの地域に対する強い誇りである。どこに行っても、たいてい「自分の住むこの町が世界で一番」という答えが返ってくる。それが慣用的にではなく社交辞令的にでもなく、本心から言っているのがすごい。イタリアの農村では日本より早く農村から都市への人口流出、過疎化が進行したが、現在では過疎化は解消されているとはいえないまでも農村回帰が進んでいる。地域に対する誇りが農村回帰をもたらしていると受け止めているが、代々受け継がれるマンマの味、そして夕食はもちろん、昼食もかなりは家に戻って家族とともにテーブルを囲む家庭の絆、そして毎朝、バール（軽食やアルコールも出す立食式の喫茶店のようなところ）に足を運びエスプレッソを飲みながら話を交わすことによって醸成される仲間意識や地域コミュニティ。農村への人口還流、田園回帰をさらに促し、地域での人の循環をつくっていくために欠かせないのは地域への誇りであり、日本の農村でもそこに住む人たちが取り戻していくことが大きな課題だといえる。

またモノの循環には多くのものが対象となるが、ここで一つだけ強調しておきたいのが、農業だけではなく林業、漁業をも含めた森・里・海という大きな循環を意識した取り組みをしていくことである。森林の手入れなくしては農業も漁業も持続は困難である。「森は海の恋人」であり、森・里・海の循環づくりに取り組んでいくことが欠かせない。

そして金の循環についてであるが、できるだけ金は使わないようにするのが肝心だということだ。金を必要とするほどに補助金等国や自治体に対する依存の度合いを高めることもさりながら、さらに大事なのは金を使わないことが、モノの循環を促すということである。食事の残渣から始まって衣料品に至るまで、あまりに廃棄されるものは多い。今、お年寄りが亡くなると、衣料品もタンスごと、調度もみな廃棄されることが多い。たまたまご近所でご主人が亡くなられ、奥さんは娘の家で暮らすことになるのか、家を処分する前段で、使っていた皿をはじめとする食器や調度等が、誰でも持っていくことができるように置かれていた。これも一つの工夫である。

新聞等では子どもたちへの金融教育の必要性なりを訴えて、上手なお金の使い方を〝伝授〟すべしとする記事も見られるが、お金の本当の大切さは、お金をできるだけ使わない生き方をしていく、物を徹底的に使い切っていくところに見えてくるものなのではないだろうか。そして何よりも子どもたちにとって最も大事なことはお金の話などではなく、自然の中で遊び体で感じていく体験こそが重要だ。そして人とのつながりの中で成長していくために家族はもちろんのこと、近隣との関係を密にして広げ、〝大きな家族〟としていくことが大事でもある。また捨てるものが減少すれば景観もきれいになる。

農的社会と国家

ここまで農的社会について述べてきたが、農的社会は国家とどのような関係にあるのか、またいかなる関係をもって考えていったらいいのか最後に押さえておきたい。

国家は不安定な存在

まずは国家というものは、すぐれて近代における産物であるというのが基本となる。すなわち1648年のウェストファリア条約によって、それまで神聖ローマ帝国を舞台に、ヨーロッパ各国を巻き込んで30年にもわたって戦争を繰り返していたものが、お互いの領土を尊重して内政干渉はしない、相互に独立した存在であることを認めたところに発生したのが主権国家であり、これを古代国家とは区別するために近代国家と呼ぶ（以下、「国家」は近代国家をさす）。一定の範囲を国家の国土として独立した存在として認め、相互不可侵を基本とする関係を取り結ぶことによって三十年戦争を終結させ平和を確保しようとしたことは近代が生み出した英知であるといえる。しかしながら国家を成立させるために国境線を確定することになるが、各国とも時の権力者が己の領分をできるだけ広く獲得しようとして武力と権謀術策のかぎりを尽くして国境線が確定されたのが実情であり、それだけに国境線が一度引かれたからといって安定した関係が継続されることになったわけではまったくなく、常にお互いが国境線を越えて侵略を繰り返してきたのが現実の歴史である。

また国境線に取り囲まれた中も、そこに空間的・物理的に存在しているからとしてその国家に属する一員とされてはいても、各国とも国家の中にいくつもの民族や宗教、文化を抱えているのが実情であり、少数勢力が国家から独立しようとする動きは絶えない。すなわち国家同士の関係とともに、国家と国民との関係も不安定な関係にある。

そこで国家は国民との関係を安定的なものとするため、国家への忠誠を獲得していくのに懸命であり、このために武力や支配のためのさまざまな装置をつくりだし駆使してきた。それが近時になって武力にとって代わって最大の手段として台頭してきたのが経済政策であり、経済成長をつうじての所得の増加によって国民を引きつけようとしているといえる。そもそも国家は資本主義と不可分の関係にあって、資本主義の発展とともに国力を形成してきた。これはわが国だけでなく資本主義国全体に共通するが、さらには社会主義国である中国までも同様であり、このために市場化・自由化そしてグローバル化が強力に推し進められ、国際間競争は熾烈《しれつ》さを増すばかりであり、また経済は成長しているとはいえ所得格差は拡大する一方で大量の貧困層を生み出している。

言いかえれば国家の存立を確保するとともに、国民の忠誠を獲得していくためにそれまでは武力が決定的な役割を果たしてきたものが、近時では武力による戦争から、経済戦争へと大きく様相を変化させてきた。経済発展と所得の増加によってもたらされる物的な豊かさが国民の心をとらえるべく扇動され、まさにGDP信仰が蔓延し国民の心の多くを占めるようになってしまった。そして所得格差の拡大という弊害だけにとどまらず、管理強化が徹底され、人間は商品としての労働力としてしか扱われなくなってしまい、ストレスに苛《さいな》まれて精神に異常をきたす人間が急増している。

このようにいったん生み出された国家は、その存立維持を至上命題とする、対内的にも対外的にも不安定な存在であるとともに、国民に対しては国家としての強制を浸透・徹底させていくしかない存在である。したがって地方や地域を力をもって引きずり込んで一律化・均質化していくと同時に、政権にある政治家や官僚が権力・権限を握っての上意下達徹底を基本とする性質を本質的に有する存在であるということができる。

人間の本来的な生き方へ

農的社会は、こうした国家なる存在を肯定も否定もするものではなく、むしろ現実に存在し避けることのできない巨大な装置であって、これを必要悪として受け止める一方で、自らの力と、これを協同していくことによって大きな力とし、生存し共生してきた地域自給的な生き方を大事にしていくものである。この地域自給的な生き方は言うまでもなく近代国家成立以前から存在していたものであり、人間の本来的な生き方であったといえるが、これが近代国家の成立、そして資本主義の発展とともに、なし崩しにされてきた。

経済的豊かさだけでは真の豊かさを獲得することはできないことが見えてきたわけで、人間の本来的な生き方を再確認し、これに少しでも戻っていくために価値観を転換させて生命原理を最優先させていくとともに、人と人のつながりを大切にしていくところから出直すしかない。人間が主役であり自然をコントロールすることができる、そして無限の成長と物質的な豊かさを求めていくことができるという幻想を一刻も早く捨て去らなければならない。

人間は「太陽と土と水」によって生かされているのであり、これを原点として共生・共存していくのが農的社会である。農的社会は時代の変化には関係なく国家のベース、土台としてあるべきものであり、人間が人間らしくまっとうに生きていくための必要条件でもある。これは国家から供給されるようなものではなく、一人ひとりが地域の中で自らの取り組みとして協同して取り組んでいく中で生み出されていくものである。

現在の農政は大規模化によるプロ農家の育成しか眼中にないが、既に見てきたように日本におけるプロ農家はたくさんの人たちが農業に参画する国民皆農、市民皆農であってこそ地産地消による支援・応援を得て生き残ることが可能である。農的社会は農業にとどまらず生産と暮らし全般にかかわるものであり、その意味では農的社会は国家全般の暴走を防ぎ、バランスをとる役割を果たすことにもなるといえる。

渡辺尚志（2015）『百姓の力——江戸時代から見える日本』KADOKAWA

●第５章
後藤政子（2016）『キューバ現代史』明石書店
新藤通弘（2007）「キューバにおける都市農業・有機農業の歴史的位相」『アジア・アフリカ研究』384号
吉田太郎（2002）『200万都市が有機野菜で自給できるわけ——都市農業大国キューバ・レポート』築地書館

●第６章
ウラジーミル・メグレ（2012）『アナスタシア』（１～６巻）ナチュラルスピリット
蔦谷栄一（2016）『農的社会をひらく』創森社
豊田菜穂子（2017）「ロシア　菜園つきセカンドハウス＝「ダーチャ」のある暮らし」『世界の田園回帰』農文協

●第７章
小林史麿（2012）『産直市場はおもしろい』自治体研究社

村岡到１（2003）「自然・農業と社会主義」『生存権・平等・エコロジー』白順社
村岡到２（2003）「『資本論』と農業」『生存権・平等・エコロジー』白順社
吉本隆明１（2015）「農村の終焉――〈高度〉資本主義の課題」『農業のゆくえ――吉本隆明〈未収録〉講演集〈３〉』筑摩書房
吉本隆明２（2015）「日本農業論」『農業のゆくえ―吉本隆明〈未収録〉講演集〈３〉』筑摩書房
若森みどり（2015）『カール・ポランニーの経済学入門』平凡社
渡辺京二（2016）『新編　荒野に立つ虹』弦書房

●第４章
阿部信彦編（2000）『協同組合〝100年の軌跡〟――ふり向けば産業組合』協同組合懇話会
賀川豊彦１（2009）『復刻版　死線を越えて』ＰＨＰ研究所
賀川豊彦２（2012）『復刻版　協同組合の理論と実際』日本生活協同組合連合会
賀川豊彦３（1933）『身辺雑記』（賀川豊彦全集第24巻）キリスト教新聞社
賀川豊彦４（1935）『農村更生と精神更生』（賀川豊彦全集第12巻）キリスト教新聞社
河内聡子（2018）「理想郷としての「乳と蜜の流るゝ郷」――産業組合の論理を越えて」『雲の柱32』賀川豊彦記念松沢資料館
木村茂光編（2010）『日本農業史』吉川弘文館
佐藤常雄・大石慎三郎（1995）『貧農史観を見直す』講談社
鈴木浩三（2016）『江戸の都市力』筑摩書房
隅谷三喜男（2011）『賀川豊彦』岩波書店
田中圭一（2000）『百姓の江戸時代』筑摩書房
蔦谷栄一（2010）『協同組合の時代と農協の役割』家の光協会
日本協同組合学会訳編（1989）『西暦2000年における協同組合〈レイドロー報告〉』日本経済評論社
日本農業新聞編（2017）『協同組合の源流と未来――相互扶助の精神を継ぐ』岩波書店
原田信男（2008）『中世の村のかたちと暮らし』角川学芸出版
朴元淳（パクウォンスン）（2015）「協同組合都市ソウル」『社会運動ｎｏ.417』市民セクター政策機構
尹壮鉉（ユンジャンヒョン）（2015）「「民主・人権・平和」の実質化を続ける光州」『社会運動no.417』市民セクター政策機構

◆主な参考・引用文献（直接引用したもの、特に参考にしたもののみ）

●第１章
赤峰勝人（2016）『食の命　人の命』マガジンランド
蔦谷栄一（2004）『日本農業のグランドデザイン』農文協
蔦谷栄一（2009）『都市農業を守る』家の光協会
蔦谷栄一（2013）『共生と提携のコミュニティ農業へ』創森社
蔦谷栄一（2014）『地域からの農業再興』創森社
中野美季（2018）「イタリアにおける包摂と寛容の社会的農業」東京大学大学院新領域創成科学研究科・博士論文

●第２章
関根佳恵（2018）「小規模・家族農業の可能性」『土と健康』2018年７月号　日本有機農業研究会
畠山重篤（2011）『鉄は魔法つかい』小学館
森田三郎（2014）「農園の大規模化は、地域生活を豊かにするのか：ダイヌーバ＝アーヴィン論争を手がかりとして」甲南大学紀要・文学編164
矢田浩（2005）『鉄理論＝地球と生命の奇跡』講談社

●第３章
アダム・スミス『国富論』岩波書店
カール・マルクス『資本論』岩波書店
ケネー『経済表』岩波書店
岩井克人１（1997）『資本主義を語る』筑摩書房
岩井克人２（2006）『二十一世紀の資本主義論』筑摩書房
岩井克人３（2006）『資本主義から市民主義へ』新書館
宇沢弘文（2015）『宇沢弘文の経済学――社会的共通資本の論理』日本経済新聞出版社
宇根豊（2016）『農本主義のすすめ』筑摩書房
宇野弘蔵（1969）『増補　農業問題序論』青木書店
小貫雅男・伊藤恵子（2016）『菜園家族の思想――甦る小国主義日本』かもがわ出版
佐伯啓思（2012）『経済学の犯罪――希少性の経済から過剰性の経済へ』講談社
中沢新一（2003）『愛と経済のロゴス』講談社

あとがき

本書は前著『農的社会をひらく』の続編として、「農的社会」について、もう少し深めかつ具体的に展開しておきたい、という思いを基本としている。

と同時に、この機会に国民・消費者が納得・支持できる日本農業へと再興していくためには、産業としての農業だけではなく、小規模・家族農業を重視するとともに、農の世界を明確化し、これと一体化させた国民が参画できる農業へと再編していくべきことを訴えたい、さらに70歳を迎えるにあたって、これまで手をつけられずにきた経済学と農業・自然との関係、日本の協同組合運動をリードしてきた〝巨人〟賀川豊彦等について整理しておきたい、という他の思いも加えて執筆を始めたものである。

このようにねらいが混在するとともに幅があることもあって、執筆には正直難渋し、また予期せざる展開・構成にもなってしまったが、これまでになく実に楽しい作業ともなった。

本書が示しているように多くの方々との出会いと連携しての活動があって今日に至ることができたもので、出会いをいただいたたくさんの方々に心よりお礼申し上げたい。また、こうしたわがままな企画を今回もまたお許しいただいた創森社の相場博也さんには感謝の言葉もない。そしてこれまで活動をともにし、パートナーとして協働してくれた家内・政子、強力なサポーターとしてパソコン操作をはじめ何かと支えてくれた娘・信子にも感謝の意を捧げたい。

著　者

■農的社会デザイン研究所

〒202-0023 東京都西東京市新町5-9-4
http://www.nouteki-design.com

いのちの畑に続く〝水仙街道〟

●

デザイン――塩原陽子
ビレッジ・ハウス
写真・編集協力――蔦谷信子
現代座
賀川豊彦記念松沢資料館
樫山信也　ほか
校正――吉田 仁

●蔦谷栄一（つたや えいいち）

農的社会デザイン研究所代表。

1948年、宮城県生まれ。東北大学経済学部卒業後、71年、農林中央金庫勤務。総務部総務課長、熊本支店長、農業部副部長、96年、㈱農林中金総合研究所基礎研究部長、常務取締役、特別理事を経て、2013年から現職。

週末は山梨市牧丘町で自然農法を実践。和笛（尺八・横笛）、リコーダー、フルート、ギター、ウクレレなどの演奏、墨彩画などをたしなむ。みんなの家・農土香の会会長、川崎平右衛門顕彰会・研究会事務局長などを務める。

農林水産省農林水産技術会議研究分野別評価分科会委員（環境）、食料・農業・農村政策審議会企画部会有機農業の推進に関する小委員会委員などを歴任。銀座農業コミュニティ塾代表世話人、農あるくらし塾講師。早稲田大学・明治大学等非常勤講師。

主な著書に『協同組合の時代と農協の役割』（家の光協会）、『日本農業のグランドデザイン』（農文協）、『食と農と環境をつなぐ』（全国農業会議所）、『持続型農業からの日本農業再編』（日本農業新聞）、『共生と提携のコミュニティ農業へ』『地域からの農業再興』『農的社会をひらく』（ともに創森社）などがある。

未来《みらい》を耕す農的社会《のうてきしゃかい》

2018年9月21日　第1刷発行

著　者——蔦谷栄一《つたやえいいち》

発行者——相場博也

発行所——株式会社 創森社

〒162-0805 東京都新宿区矢来町96-4

TEL 03-5228-2270　FAX 03-5228-2410

http://www.soshinsha-pub.com

振替00160-7-770406

組　版——有限会社 天龍社

印刷製本——精文堂印刷株式会社

 Printed in Japan ISBN978-4-88340-327-1 C0061